—零碳能源科普丛书—

探索风能的奥秘

总 策 划　李连江　苗　青

丛书主编　宋登元　彭志红

本册主编　姚　嵩　张淑娟

主编单位　河北省凤凰谷零碳发展研究院

北京师范大学保定实验学校

参编单位　天津轻工职业技术学院

新疆金风科技股份有限公司

海南省凤凰谷零碳发展研究院

保定市低碳城市研究会

河北大学出版社·保定

—零碳能源科普丛书—

探索风能的奥秘

TANSUO FENGNENG DE AOMI

出 版 人：刘相美
选题策划：马　力
责任编辑：刘　婷
装帧设计：赵　谦
　　　　　王占梅
责任校对：冯博楠
责任印制：常　凯

图书在版编目（CIP）数据

探索风能的奥秘 / 姚嵩，张淑娟主编；吴翠姑执行主编．-- 保定：河北大学出版社，2022.1（2024.10 重印）
（零碳能源科普丛书 / 宋登元，彭志红主编）
ISBN 978-7-5666-1931-0

Ⅰ．①探… Ⅱ．①姚… ②张… ③吴… Ⅲ．①风力能源－普及读物 Ⅳ．① TK81-49

中国版本图书馆 CIP 数据核字（2021）第 214295 号

出版发行：河北大学出版社
地址：河北省保定市七一东路2666号　邮编：071000
电话：0312-5073019　0312-5073029
网址：www.hbdxcbs.com
邮箱：hbdxcbs818@163.com
印　　刷：保定市正大印刷有限公司
幅面尺寸：185 mm × 260 mm
字　　数：92千字
印　　张：7.25
版　　次：2022年1月第1版
印　　次：2024年10月第4次印刷
书　　号：ISBN 978-7-5666-1931-0
定　　价：33.80 元

编委会

序一

人类社会不断发展进步，同时在现代化进程中也面临着世界性的能源枯竭、气候变暖、环境污染等严峻问题。习近平同志在党的十九大报告中指出，我们要建设的现代化是人与自然和谐共生的现代化，既要创造更多物质财富和精神财富以满足人民日益增长的美好生活需要，也要提供更多优质生态产品以满足人民日益增长的优美生态环境需要。要加快建立健全绿色低碳循环发展的经济体系，构建清洁低碳、安全高效的能源体系。

到 2030 年，中国非化石能源占一次能源消费比重将达到 25%，风电、太阳能发电总装机容量将达到 12 亿千瓦。在“双碳”和可再生能源发展战略的大背景下，我国能源结构必将进行深层次改革，依托于我国得天独厚的风能资源，风能产业发展将取得长足进步。

北京师范大学保定实验学校、河北省凤凰谷零碳发展研究院、天津轻工职业技术学院、新疆金风科技股份有限公司、海南省凤凰谷零碳发展研究院、保定市低碳城市研究会等单位联合编纂的

“零碳能源科普丛书”，通过通俗易懂的文字和生动有趣的插图，结合物理、化学、生物、地理、气象等学科知识，向广大少年儿童介绍太阳能、氢能、风能、生物质能、地热能等零碳能源的开发、利用，以及此类能源在人类社会发展过程中的重要作用。

“零碳能源科普丛书”由《探索风能的奥秘》《探索太阳能的奥秘》《探索氢能的奥秘》等若干分册组成。书中以深入浅出的语言和富有探究性的问题，寓趣味性、知识性、科学性于一体，让孩子们在阅读中更多地接触零碳能源科技成果和相关知识，旨在唤醒孩子们热爱自然、热爱科学的意识，启迪孩子们的智慧，提升孩子们对科学探究的热情，激发孩子们探索新能源领域科学的理想和潜能。可以预期，这对引导全社会传递绿色环保生态理念，加快推进我国生态文明建设，促进经济社会与生态环境的可持续发展，推动形成人与自然和谐发展现代化建设新格局，建设美丽中国，以及为人类进步做出中国贡献都具有重要的意义。

钟秉林

（北京师范大学教育学部高等教育研究院名誉院长，教授，博士生导师）

序二

河北省凤凰谷零碳发展研究院、北京师范大学保定实验学校、天津轻工职业技术学院、新疆金风科技股份有限公司、海南省凤凰谷零碳发展研究院、保定市低碳城市研究会共同策划并组织编写了“零碳能源科普丛书”。我在可再生能源领域从业五十余载，一直致力于推动新能源与可再生能源科技产业的发展，我认为这是一件有价值、有意义、有情怀的好事情。

国家主席习近平在第七十五届联合国大会一般性辩论上的讲话中宣布：“中国将提高国家自主贡献力度，采取更加有力的政策和措施，二氧化碳排放力争于2030年前达到峰值，努力争取2060年前实现碳中和。”未来我们将付出艰苦卓绝的努力，而高比例使用可再生能源将成为必由之路。风能作为可再生能源的主力军，为实现“3060”双碳目标注入强大绿色动力，风能利用可为进一步构建绿色城市发展体系、打造绿色低碳工业体系、在乡村振兴战略背景下因地制宜推动农村绿色经济发展、实现我国经济社会绿色转型提供助力，全面推动能源消费革命。

在可再生能源的科学普及工作中，科研机构、教育机构、社会组织以及科技企业需要共同投身到科普教育领域，要走在前面。“零碳能源科普丛书”的编写充分调动了科研机构、学校等社会力量，为公众全面地普及新能源与可再生能源知识提供了良好的学习素材。教育决定着国家的未来，青少年是未来社会发展的主力军。科普教育，不只在书本与课堂，希望广大教育工作者和科技工作者将绿色发展的理念、人与自然和谐共生的愿景、科学治理环境的精神、携手面对生态挑战的追求渗透在青少年的日常教育中，让青少年成为未来可再生能源的倡导者和使用者。

功在当代，利在千秋。让子孙后代“能遥望星空、看见青山、闻到花香”是习近平总书记绿色发展理念的美好愿景。“零碳能源科普丛书”的第二本科普读物《探索风能的奥秘》即将与大家见面了！期望每一位编者“不忘初心，以人为本”，坚守严谨、求实、高效和前瞻的原则，在新能源与可再生能源发展的科普和实践中，不断总结经验、坚持真理、修正错误，进一步完善“零碳能源科普丛书”的内容，努力扩大影响力，为中国新能源与可再生能源发展贡献力量，也为实现中华民族伟大复兴的中国梦增添一抹亮丽的色彩。

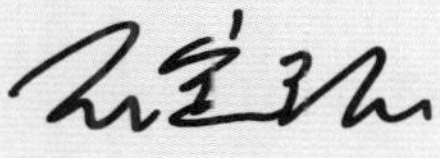

（国务院原参事，中国可再生能源学会原理事长）

序三

现在，我们使用风能，不仅是因为她清洁，更是因为她经济。

历经几代风能人的努力奋斗，2021 年我国陆上风电实现了平价，也就是达到与燃煤发电标杆上网电价平价的目标，海上风电也将在 2024 年前后迎来平价，风能将真正成为物美价廉的清洁能源。

风能属于可再生能源，它和存在于自然界中的化石能源不同，不会随着人类的利用日趋减少，也绝不会像化石能源那样对气候、生态和人类造成危害。风能是一种取之不尽、用之不竭的能源。

人类利用风能的历史可追溯到公元前，最初是将风能转化为机械能，后来则是电能。我国是最早利用风能的国家之一，早在 1 800 年前已开始利用风帆行船。20 世纪 50 年代后期，我国一些地区建造了小型风力发电装置，70 年代我国加快风力发电研究与成果转化工作，历经半个世纪的岁月历练，2020 年底我国风电装机规模 2.81 亿千瓦，风能成为可再生能源的主力军。

我国已郑重承诺，将力争在 2030 年前实现“碳达峰”、2060 年前实现“碳中和”。到 2030 年，我国非化石能源占一次能源消费比重达到25%，风能、太阳能发电总装机容量将达到12万亿千瓦以上。除了风电大基地项目，分散式风电会更多出现在厂矿、社区和乡村,风电场不仅为社会提供清洁电能,自身也是一道风景。

可以说，当前我国风能发展进入最好的时代，目前全球十大风电设备制造商，中国占据六席。从学习引进国外技术，到联合设计，再到自主研发，中国风电已进入自主创新发展阶段，风电机组产品销往美国、法国、瑞典、澳大利亚、罗马尼亚、巴西、巴拿马、巴拉圭、阿根廷等近30个国家和地区市场，成为中国高端设备产品出口的重要部分。

风电机组因其巨大的旋转机械结构和动力系统的固有属性，涉及空气动力、结构动力、仿真、电力电子、电气传动、控制技术、人工智能、新材料等前沿和交叉学科，代表着中国科技进步的实力和方向。更多的科技奥妙期待更多青少年通过学习风能科技知识及积极实践来认知和揭开，《探索风能的奥妙》是一本很好的启蒙书，希望更多的青少年能读到它。

“青年兴则国家兴，青年强则国家强。青年一代有理想、有本领、有担当，国家就有前途，民族就有希望。”习近平总书记对青年一代提出了殷切希望。继承美好能源时代精神，开创人类可持续发展未来，青年一代责无旁贷。

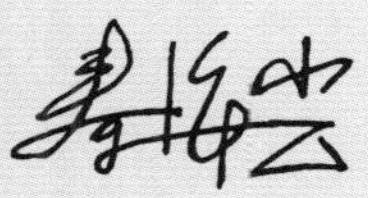

（世界风能协会副主席，中国可再生能源学会风能专业委员会秘书长）

序四

亲爱的朋友们，欢迎来到风能的世界。风，取之不尽，用之不竭。早在三千年前，我们人类就已经掌握了利用风力机碾米和提水的技术。第二次工业革命之后，人类进入“电气时代”，第一台自动运行且用于发电的风力机也在1888年诞生。经过一百多年的发展，智能风力发电机组如今已经遍布地球的各个角落，不论是陆地还是海洋，山地还是旷野，都能看到它们的身影。

近年来，随着全球气候变暖的加剧，高温、洪水、暴雨等极端天气愈发频繁。造成地球变暖的一个极为重要的原因便是人类大量使用煤炭、石油、天然气等化石能源发电，排放过多的二氧化碳，导致温室效应加剧，地球温度不断上升。

风力发电是一种绿色零碳的发电方式，通过风能替代化石能源，能够十分有效地减少二氧化碳排放，抑制地球变暖。2020年9月22日，习近平主席代表中国向全球做出了庄严的承诺，中国力争在2030年前实现碳达峰，2060年前实现碳中和，风力发电正在成为帮助我们实现“碳达峰、碳中和”这一伟大目标的重要力量。

那么，人类是怎样把看不见、摸不着的风变成电的？用来捕捉风的装备是什么样的？在陆地和海洋的不同场景，一个又一个的风电场是怎么建设起来的？《探索风能的奥秘》这本书将为大家一一揭晓这些问题的答案，并同大家一起进行有趣的知识拓展和操作实践。

“碳达峰、碳中和”并非一朝一夕就能实现，这是一项属于未来的事业，我们非常希望通过这本书，能够激发大家探索自然、学习自然科学的兴趣，让更多年轻的力量体会风力发电的乐趣与神奇，迈进风能的广阔世界，热爱和支持以风能为代表的清洁能源。未来的世界是你们的，我们的努力，正是为了把一个清洁、美好的世界留给明天的你们。我们也希望，通过大家的不断学习和努力，共同浇灌出一个可持续、更美好的未来世界！

（新疆金风科技股份有限公司董事长）

前言

随着社会经济的迅猛发展，全球面临着能源短缺、气候变暖、冰川融化、海平面上升、生物灭绝等能源和环境问题。因此，发展风能、太阳能、生物质能、水能、氢能、地热能等零碳能源是实现可持续发展的必由之路。为了加快能源科研成果和节能低碳理念在广大中小学生中的传播，努力让科学研究和科学传播并蒂开花，编写青少年能源科普读物、组织中小学生开展科普活动是教育工作者和科技工作者义不容辞的责任和义务。

风能是一种环保、无污染的洁净能源，可以为人类提供源源不断的绿色电力。我国在风能利用方面一直保持着国际领先地位，并逐渐成为风能等新能源利用的大国。2021 年 10 月，国家发布《中共中央 国务院关于完整准确全面贯彻新发展理念做好碳达峰碳中和工作的意见》，同时印发《2030 年前碳达峰行动方案》，尤其是在能源低碳绿色转型行动中，提出要全面推进风电大规模开发和高质量发展，坚持集中式与分布式并举，陆海并重，推动风电协调快速发展。随着风能领域的快速发展，在进行风能发电、制造及应用领域人才培养的同时，迫切需要在中小学普及风能发电及应用知识。为提升中小学生对风能发电及制造过程的兴趣，激发中小学生未来在我国新能源领域进行科学研究的理想，河北省凤凰谷零碳发展研究院、北京师范大学保定实验学校、天津轻工职业技术学院、新疆金风科技股份有限公司、海南省凤凰谷零碳发展研究院、保定市低碳城市研究会充分发挥各自优势，本着让更多孩子认识、了解零碳能源，传递绿色环保理念的愿景，联合编写了面向中小学生的“零碳能源科普丛书”——《探索风能的奥秘》。

《探索风能的奥秘》是一本面向中小学生的风能领域科普读物。她以最前沿和权威的风能领域相关知识和数据为基础，通过深入浅出的语言和生动有趣的插图，向读者介绍了风能、风力发电技术及其他风能应用技术在人类社会的广泛应用，形成一部成体系、全方位深入介绍风能领域知识的科普读物。

本书旨在普及新能源知识、倡导节能减排理念，图文并茂，兼具知识性与趣味性，科学概念准确，构思科学，结构合理，使读者能够全面地了解风能发电的科学原理，适合所有对环境保护感兴趣的读者阅读。

另外，由于编者水平和知识有限，书中难免有疏漏的地方，希望广大读者多多批评指正。

编委会

人物介绍

我是风能小卫士，我有能量，有性格，可爱，有趣，偶尔也会任性、变幻莫测，关于风能资源的事儿，问我就好了，我都知道。

我是小小博，妥妥的学霸一枚，天文地理我都想知道。这次我随风能小卫士一起来探索风能的奥秘。

目录

第一章　风的样子

1 风从哪里来 …… 2

2 风的分类 …… 7

3 风的力量 …… 10

4 风的测量 …… 18

5 与风抗争 …… 22

6 风能利用 …… 28

第二章　风力发电

7 风和电 …… 32

8 风机类别 …… 35

9 垂直轴风机 …… 37

10 水平轴小、微型风机 …… 41

11 大风机 47

12 风机在哪里安家 50

13 海上也可以安家 53

14 一个萝卜一个坑 56

第三章　大型风机

15 风机高度 65

16 海上风电基础 69

17 叶片制造 75

18 叶片运输 81

19 一台风机能发多少电 85

20 风机运行 89

21 风机为什么长得不一样呢 93

22 风机发的电去哪里了 98

第一章　风的样子

谁也没有看见过风，
不用说我和你了。
但是树叶颤动的时候，
我们知道风在那儿了。

谁也没有看见过风，
不用说我和你了。
但是树木点头的时候，
我们知道风正走过了。

谁也没有看见过风，
不用说我和你了。
但是河水起波纹的时候，
我们知道风来游戏了。

——《风》

大家看见过风吗？它是什么颜色、什么样子的呢？

微风吹过大树，你看到树叶轻轻地摇曳，耳边听到树叶沙沙作响；狂风吹过大树，你看到树枝使劲地摇摆，耳边只听到呼呼的风声。风到底是什么样子的呢？它又是从哪里来的呢？

我们一起来了解下风的样子吧！

1 风从哪里来

万能的太阳

在宇宙中，太阳是距离地球最近的恒星。太阳的光和热，是人类赖以生存和活动的能量源泉。太阳辐射直接为地球提供了光热资源，同时太阳辐射又维持着地表温度，是促进地球上大气运动、生物活动的主要动力。

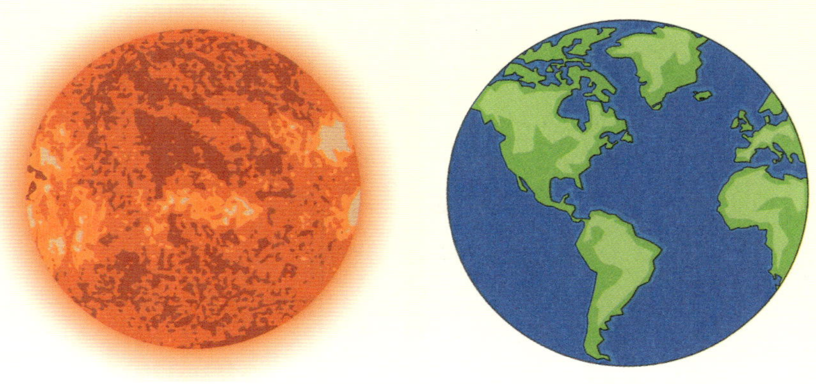

万能的太阳

空气是什么

空气无法被看到，却又无处不在。人和动物都需要呼吸空气中的氧气，绿色植物需要空气中的二氧化碳来为自己制造“食物”。

卫星（320 ~ 3 500 千米）
散逸层
航天飞机（300 千米）
反射无线电波
暖层
极光
中间层
流星
平流层
气象气球
臭氧层
超音速喷气机
对流层
积雨云
飞机
珠穆朗玛峰

大气分层

围绕着地球的空气形成了大气层，从陆地和海洋一直向上延伸到高空。大气层里最接近地表的部分叫对流层，主要的天气变化都发生在这里。在对流层中，空气受热会上升，空气变冷会下沉，这些变化和搅动就产生了风等天气现象。

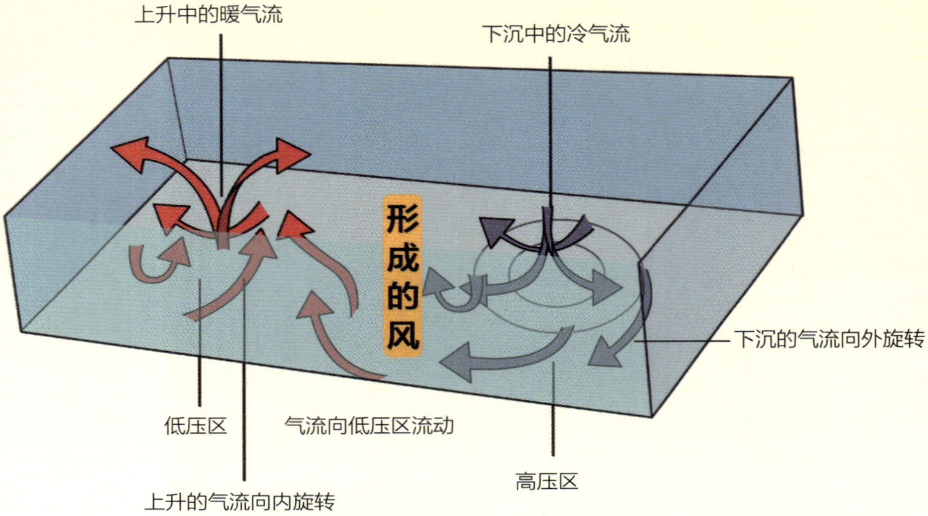

空气的流动

天空的重量

大气层是有重量的，就像毯子一样向下压在地球的陆地和海洋上，这个向下的力叫作大气压或者空气压力。大气压随着海拔高度的上升而减小，山顶上的空气比山脚下的稀薄。

温度对空气压力造成的影响也很大，因为受热的空气密度要小于冷空气，所以温暖的空气比冷空气更轻。因为轻，暖空气自然就会向上升，上升的低压空气可以产生云，可以引起风暴；而下沉的、高压的空气，往往会带来晴朗的天空。随着空气压力的变化，下沉的高压的空气被推向稀薄的、低压的空气，这样就起风了。

做一做

创造风

在固定的空间里，观察火苗的形状，大家看到了什么？

将两个塑料瓶连接起来，接口的高度与蜡烛的高度一致，此时蜡烛没有被点燃，蚊香点燃后产生的烟雾是向上的。

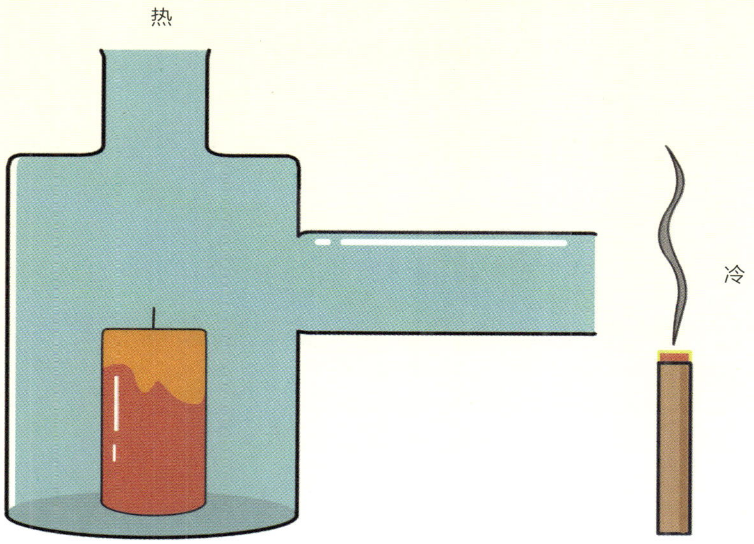

蜡烛点燃前的空气流动

接下来我们把蜡烛点燃，再次观察瓶口的蚊香烟雾，发现烟雾都飘向了瓶内，并且瓶内的蜡烛火焰也向左侧倾斜。撤掉蚊香，分别将两只手置于两个瓶口附近，可以明显感觉到上方瓶口的温度高，右侧瓶口的温度低。

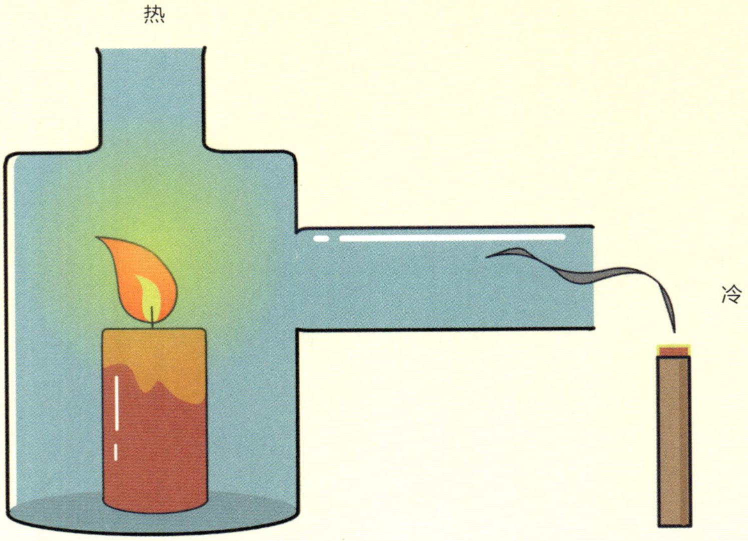

蜡烛点燃后的空气流动

原来是蜡烛点燃后，瓶内空气被加热上升，冷空气不断从侧面瓶口流进补充，形成了风。

实验结果表明，空气受热膨胀，会向低温的地方运动，而相对较冷的空气会来填补空缺，这样，空气流动起来就形成了风。

2 风的分类

《借东风》是《三国演义》中一段非常精彩的故事。在赤壁之战中，曹操连锁战船，诸葛亮筑台祭风，使得东风大起，孙刘联军火烧赤壁打败曹操。那么，东风真能找老天爷“借”来吗？

诸葛亮

风带

由于地球赤道附近受热较多，两极地区受热较少，因此地球表面经常形成温度差距较大的气压带，再加上地球自转以及海洋、大陆受热不同等因素，在不同气压带之间便形成全球性的大气环流。全球性大气环流分布在不同纬度位置，形成不同性质的大气水平运动地带，这就是风带。

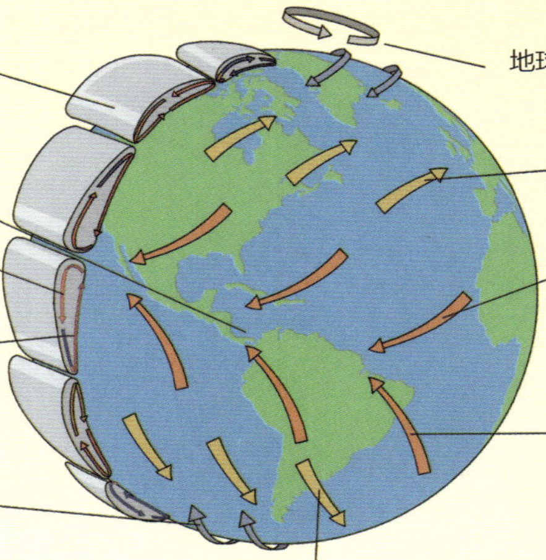

风带

信风和季风

在各类风中，信风和季风最为突出。

信风在赤道两边的低层大气中，北半球吹东北风，南半球吹东南风。这种风的方向很少改变，它们年年如此，稳定出现，很讲信用，所以取名信风。

季风是由于大陆及海洋之间存在温度差异而大范围盛行的风，具有大气环流特征，风向随季节变化显著。比如，在我国冬季，风从大陆一侧吹向太平洋一侧，夏季则从太平洋一侧吹向大陆一侧。

我国的季风

大家想一想：为什么我国夏季大部分地区多刮东南风，而冬季多刮西北风?

这是由于陆地的温度变化快于海洋，所以在夏季陆地升温比海洋快，温度高，形成低压中心，风从“海洋吹向陆地”，形成夏季风；在冬季陆地降温比海洋快，温度低，形成高压中心，风从“陆地吹向海洋”，形成冬季风。

亚欧大陆的东部、东南部和南部地区，介于世界上最大的大陆（亚欧大陆）和最大的海洋（太平洋）之间，海陆热力性质差异明显，也是世界上季风气候最为显著的地区。

在我国冬季，大陆上空的空气受冷变重，形成高气压；由于海水降温比陆地慢，海面上空的空气变轻，形成低气压，于是风就从西北方向的大陆吹向海洋，形成西北风。

在我国夏季，海洋上空的空气受冷变重，形成太平洋高气压；由于陆地回暖较快，大陆上空的空气变轻，形成低气压，于是风就从东南方向的海洋一侧吹向大陆一侧，形成东南风。

3 风的力量

唐代诗人李峤有一首描述风的诗：

解落三秋叶，
能开二月花。
过江千尺浪，
入竹万竿斜。

从这首诗当中我们可以感受到，虽然我们看不见风也摸不到风，但是风的力量是很强大的。那么我们如何来描述风的能量呢？

风筝借风起飞

泡泡在风中摇曳

风向

风向就是风吹来的方向。例如，来自东方的风叫东风，来自西方的风叫西风。描述风的方向时，可以用方位来表示，通常用十六个方位表示。

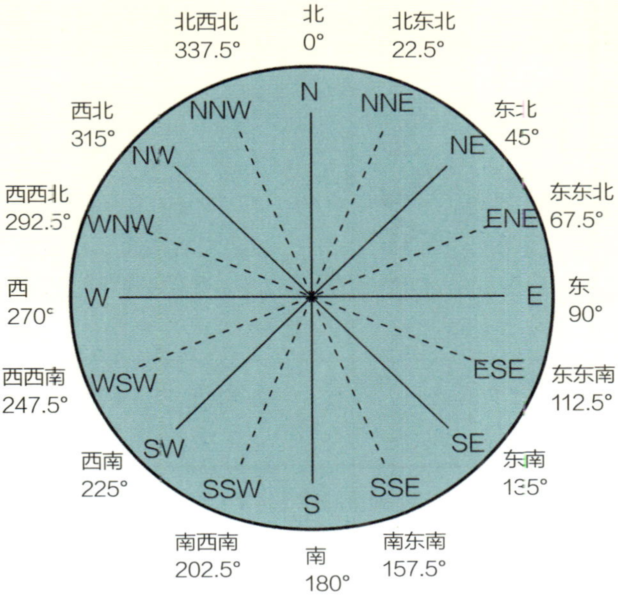

风的十六方位图

风速

风速就是空气运动的速度，风速的单位是每秒多少米（米 / 秒）。例如，30 米 / 秒的意思就是风每秒前进 30 米。大家不要小看这个数字，如果把它换算成时速，30 米 / 秒 × 3 600 秒 = 108 000 米 = 108 千米，也就是每小时 108 千米，这个速度已经达到了汽车在高速公路上行驶的速度。

风速越大，风的力量就越大。风的速度（强度）可以通过周围物体所受的风力来表示。风力是指风吹到物体上所表现出的力量的大小，一般用风力等级来表示。

风的速度（强度）	周围物体的状态
2 米 / 秒	脸部感觉有风；肥皂泡被吹上天空；树叶被吹动
6 米 / 秒	沙尘和纸张被吹起；小树枝被吹动
12 米 / 秒	举伞很难行走；电线抖动；大树枝被吹动
16 米 / 秒	迎风行走困难；整棵树被吹动
26 米 / 秒	房屋被毁；树被刮倒

测量风的速度（强度）

通常，我们把风力的大小分为十三个等级，最小是零级，最大是十二级 。

关于风力等级，有不少顺口溜，这里选了一首，大家来读一读。

零级烟柱直冲天；
一级轻烟随风偏；
二级清风吹脸面；
三级叶动红旗展；
四级枝摇飞纸片；
五级小树随风摇；
六级举伞有困难；
七级迎风走不便；
八级风吹树枝断；
九级屋顶飞瓦片；
十级拔树又倒屋；
十一二级少有见。

大家所在的地方，最常见的是几级风呢？

风向频率

为了表示某个方向的风出现的频率，通常用到“风向频率”这个量，它是指一年（月）内某方向风出现的次数占各方向风出现的总次数的百分比，即

$$风向频率 = \frac{某风向出现次数}{风向的总观测次数} \times 100\%$$

通常用风向玫瑰图（又称风向频率图）来描述在各个方向上风的出现频率。下图中描述的是某地区一年内不同方向风出现的频率。该地区一年内东风出现的频率最高，约为 17%（每一间隔代表 5% 的风向频率），出现西南风的频率仅为 3%。

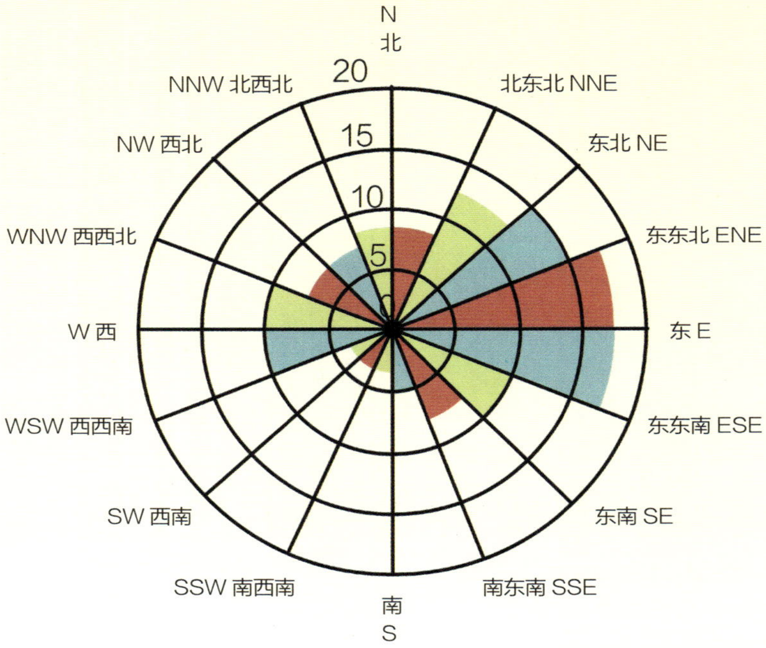

风向频率图

将各个方向上表示风向频率的线段按风速数值百分比绘制成不同颜色的分线段，即表示出各风向的平均风速，此类统计图称为风频风速玫瑰图。

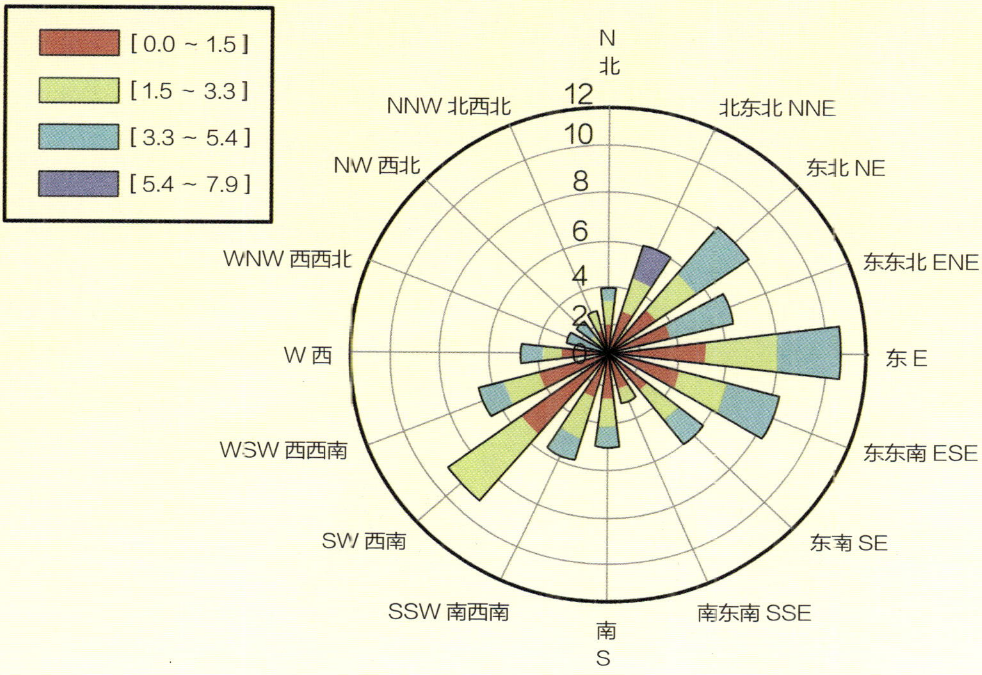

风频风速玫瑰图

风能

我们通常用风能来描述风的能量。

风能的大小主要与风速、扫风面积（风所流经的面积）、空气密度三个因素有关。

风能的大小与风速的三次方成正比关系。

风速增加到原来的 2 倍，风的能量增加到原来的 8 倍。 如果风速是 4 米 / 秒，此时的能量为 E_1，当风速变到 8 米 / 秒，风的能量就会提高到 8 倍的 E_1。

风能（E）的大小与风所流经的面积（A）成正比。风扫过的面积越大，风能越大。

风能的大小还和空气密度成正比。

在标准大气压下，15 ℃时每立方米空气重 1.225 千克，但是空气密度随着温度的增加稍有减小。因此，冷空气密度较暖空气大。在高海拔处（在山上）气压低，空气密度也小。

所以同样的风速，冬天比夏天空气密度大，冬天风的能量就大。

大家想象一下一团棉花和一个沙包撞到脸上的不同感觉吧。

棉花、沙包和脸的亲密接触

所以，要想更好地利用风能，可以从三个方面考虑：风速、扫风面积、空气密度。

想一想

大家来猜一猜："大漠孤烟直，长河落日圆"描述的是几级风呢？

考考你

下图中哪个方向的风最多，占到全年比例的多少？在主风向下，哪个风速出现的频率最多呢？

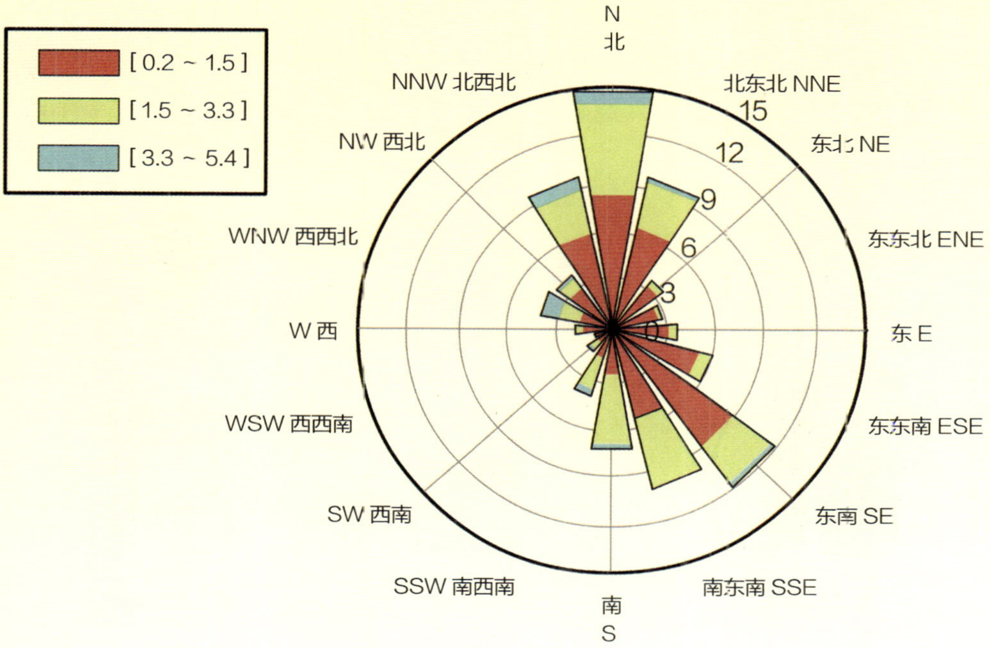

4　风的测量

风速仪

专业的风速测量仪（风速仪）种类很多，大体分为热式、风杯式、差压式几类。

热式风速仪

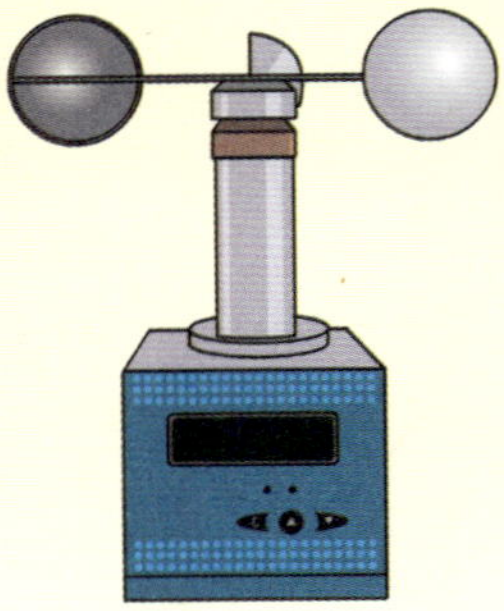

风杯式风速仪

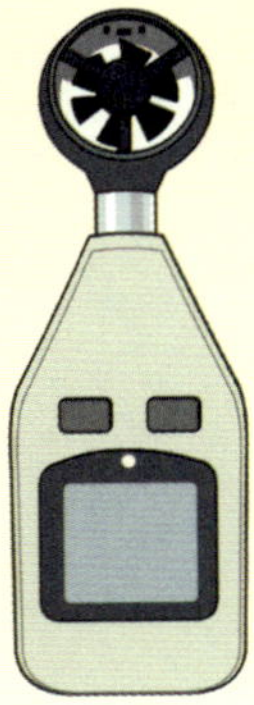

差压式风速仪

热式风速仪工作原理：将一根通电加热的细金属丝置于气流中，由于金属丝在气流中的散热量与风的流速有关，而散热量导致金属丝温度变化从而引起电阻变化，风的流速信号即转变成电信号。

风向标

风向标，也叫风向传感器，其工作原理不言而喻。风向标指向的角度由仪器内的转角传感器转变为电信号输出。

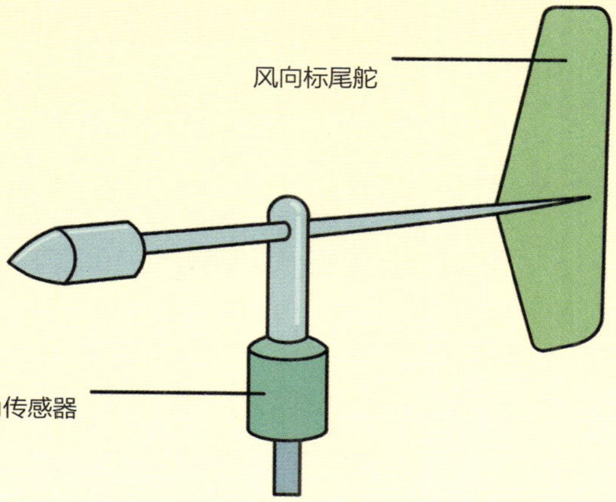

风向标

风速风向仪

现在有了越来越多可同时测量风速与风向的仪器，下图所示的风速风向仪就是其中一种。这款仪器前方有测量风速的叶片，叶片转速随风速加大而增高，仪器后方有随风而摆的翼片，仪器内有转速传感器与转角传感器分别把风速与风向转换为电信号输出。

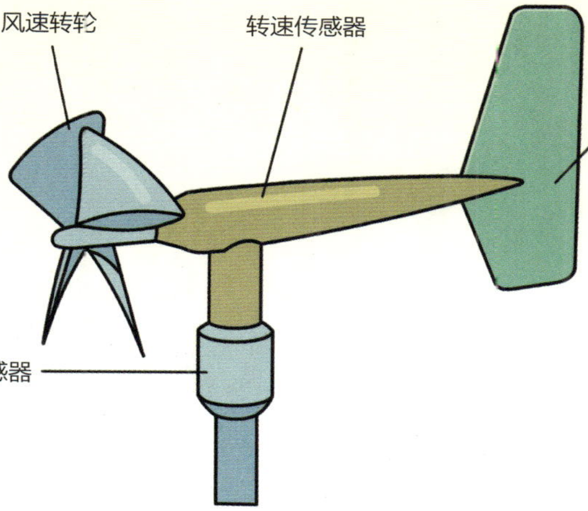

风速风向仪

超声波风速风向仪的每个探头既可发送超声波也能接收超声波，相对的两个探头是一组，每一组探头可测出相对方向的风速，两组探头联合就可测出具体的风速与风向。

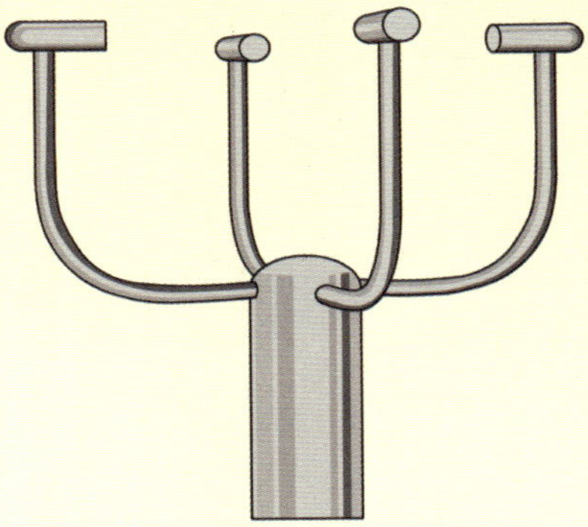

超声波风速风向仪

做一做

自制一面小红旗，将做好的小红旗置于户外空旷的场地，观察风的方向和速度，如图所示。

用小红旗测量风向风速

操作步骤：

1. 利用软布、竹签、双面胶和剪刀制作一面小红旗。

2. 将指南针放置在地面，待指南针稳定后，依据指南针所指方向在地面用粉笔画出方位图。

3. 在画有方位的地方举起风向旗，进行 2 分钟观测，观察风向旗的变化并记录风向及风速。

风速等级记录

风速等级		红旗的情况	
0级	无风	红旗不动	
1级	微风	红旗微动	
2级	大风	红旗展开飘动	

注意：风特别大的时候，在户外走动应尽量使身体前屈，以减小受风面积，同时注意高空坠物等危险；如果没有必要外出，应尽量留在室内。

5 与风抗争

风是我们常见的自然现象，也是分布广泛、用之不竭的能源。但是，风也可能给人类的生活带来危害。

土地沙化

大风可能会造成土壤的侵蚀，使土地沙化，如黄土高原就是这样形成的。

黄土高原

沙尘暴

沙尘暴是干旱和半干旱地区的常见气象灾害，当强风将裸露的干燥土壤及大量沙尘卷入大气时，通常会形成沙尘暴。风可将沙尘暴输送到数百至数千公里以外。沙尘暴会给人类健康带来严重影响，如引发哮喘、气管炎、肺炎、过敏性鼻炎等。在不同天气和气候条件下，沙尘可能悬浮于空气中长达几天，有时还会造成过敏性疾病的暴发。

沙尘暴

飓风（或称台风）

在美国，有一座城市由于地理位置的特点，飓风经常“光顾”那里，它就是新奥尔良。2005 年 8 月 29 日，拥有 10 兆吨核弹能量的飓风“卡特里娜”登陆新奥尔良，使那里成为一座“水城”，造成千人以上死伤，仿佛人间“炼狱”。

我国江苏省建湖县也遭遇过台风重大灾害。2005 年 4 月 20 日是一个黑色的日子，这一天，一场历史上罕见的台风骤然降临，风力

飓风

飓风“卡特里娜”登陆新奥尔良

超过十二级。顷刻间，上千间房屋损毁坍塌，几百棵大树被拦腰折断，大批人员受伤，无数畜禽遭殃，数千名群众失去了家园。短短

飓风

飓风过后的情景

的 20 多分钟时间里，造成的直接经济损失超亿元！

拓展

风发起脾气来很可怕，危害也极大，我们只有掌握相关的防御知识，才能在遭遇风灾时有效开展自救互救。

居家

应远离房屋的外围墙壁、门和窗，躲到与飓风方向相反的小房间内或墙壁处抱头蹲下

户外

应就近寻找低洼地伏于地面，切记要远离电杆、大树，以免触电、被压或被砸

房屋倒塌

应及时切断电源，以防引起火灾或造成人员触电

汽车

不要在汽车中躲避，更不能开车躲避，这是因为汽车对飓风几乎没有防御能力。应立即离开汽车，到低洼的地方躲避

遇到风灾时的注意事项

6 风能利用

“暴躁”的风让我们的生活受到影响，生命受到威胁，但是它也有“温柔”的一面，它能传播植物花粉、种子，帮助植物授粉和繁殖，它能支撑风筝和飞机的飞翔，能吹干绳上的衣物，还能给我们的生活带来很多其他便利。

风帆

几千年前，人类便懂得利用风力使船只在海面上航行。风力虽然不是很稳定，但是比起其他动力资源要来得便利。

3 000 年前的商代就开始出现帆船，唐代诗句“乘风破浪会有时，直挂云帆济沧海”流传至今。郑和远航共 200 多艘船只，其中 60 多艘大船特别雄伟壮观，这些大船又叫“宝船”。紧挨着宝船的还有许多战船、粮船和水船，都配有风帆。

帆船

风力提水

我国沿海沿江地区使用风帆船和用风力提水灌溉的做法，一直延续到 20 世纪 50 年代。

风力提水

借风飞翔

工业革命后人类对风的利用更丰富，像热气球、飞机等，它们都是巧妙地利用了风的力量。

风能是人类很早就使用的一种能源。到了蒸汽机普及以后，风能就被人们逐渐遗忘了。

飞机飞行

热气球飞行

到了 20 世纪中期，由于能源危机和环境恶化，人类又将目光投向了风能。大家想一想，我们还能利用风能做些什么呢？

第二章　风力发电

风力发电是近年来风能利用非常重要的一部分。风力发电起初在芬兰、丹麦等国家很流行，近几年我国风电产业发展也突飞猛进。风力发电没有燃料问题，也不会产生辐射或空气污染，因此正在全世界形成一股风能利用热潮，同时风力发电技术也在不断发展和成熟中。

风力发电是利用风力带动风机叶片旋转，进而带动风力发电机发电。依据目前的风机技术，每秒 2 ～ 3 米的微风速度就可支持风机发电。不过因风量影响，风力发电不稳定，需要对发出的电进行变换才能稳定使用。

风机的类别很多，有离网型和并网型，有水平轴和垂直轴，有微型、小型、中型、大型风机等。这些风机，根据各自的特点应用在不同的场景和地点。大型风机安家在风资源丰富的陆上和海上，如何排兵布阵也是大有学问的。

我们一起来学习风力发电的知识吧。

7 风和电

风能小卫士一路飞跑，看见小黑（煤炭）在大货车上。

风能小卫士和小黑（煤炭）互不服气

风能小卫士（好奇）：“小黑，你这是要去哪里呀？”

小黑（骄傲）：“我们要去发电厂发电！”

小黑旁边的煤炭（傲娇）：“我们有用着呢！可不像你就知道乱跑！”

风能小卫士：“哼！我也能发电！”

小黑（惊异）：“你怎么发电？”

风能小卫士：“看我发电给你们看！”

风能小卫士显威力

风力发电原理

小小博："风是怎么发电的呢？"

风能小卫士："瞧！风带动叶轮旋转，然后通过一根大大的传动轴把能量传递给发电机，发电机就转起来了，就能够发电了。发出来的电送到电网上，人们就可以用了。"

风机的结构组成

小小博："我们都知道发电机，但叶轮和传动轴是什么啊？"

风能小卫士："嘿嘿！不知道了吧！风力发电的全套装置叫风力发电机组，简称风电机组，俗称风机，包括轮毂、传动轴、发电机、支撑的塔筒等，还有控制风机工作的控制柜呢！看看这幅图你就明白了！

“对了，这个图是其中一种风机的结构，它的传动部件主要是那根大大的传动轴（又叫叶轮轴）和齿轮箱，传动轴负责传递能量，而齿轮箱负责把叶轮的转速提高到发电机要求的大小。”

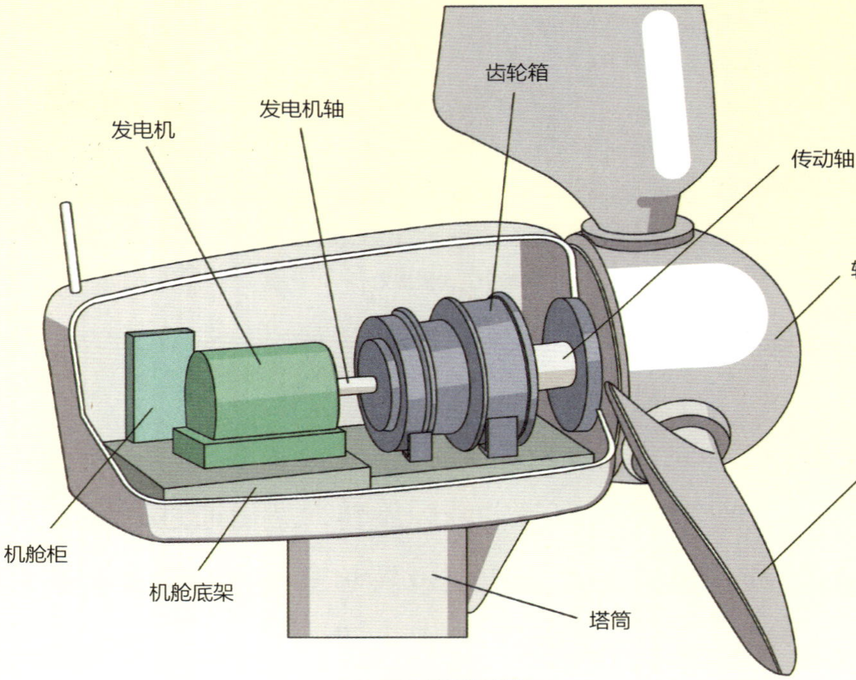

双馈型风机结构

拓展

还有一种风机跟它有些区别，它的传动部件里没有齿轮箱，至于其他的区别，留点儿悬念，慢慢往后看就知道了！或者，可以自己上网去了解一下哦。

8 风机类别

聪明好学的小小博不会满足于风能小卫士说的这一点点知识，他上网搜索，到图书馆查资料，找风电工程师交流，很快了解了更多关于风机的知识。他先总结了一下风机的类别，向风能小卫士展示去了！

风机大小

风机有大有小，按1小时最多能发多少电，分为微型（1度以下）、小型（1~10度）、中型（10~100度）、大型（100度以上）风机。

离网型和并网型

小、微型风机发的电，一般都直接被人们利用了，这叫离网型发电。大、中型风机发的电，一般都先送到电网上去，人们再从电网上取电来用，这叫并网型发电。

事实上，一般小功率风力发电机主要用于离网发电，而大型风力发电机则大多用于并网发电的场合。

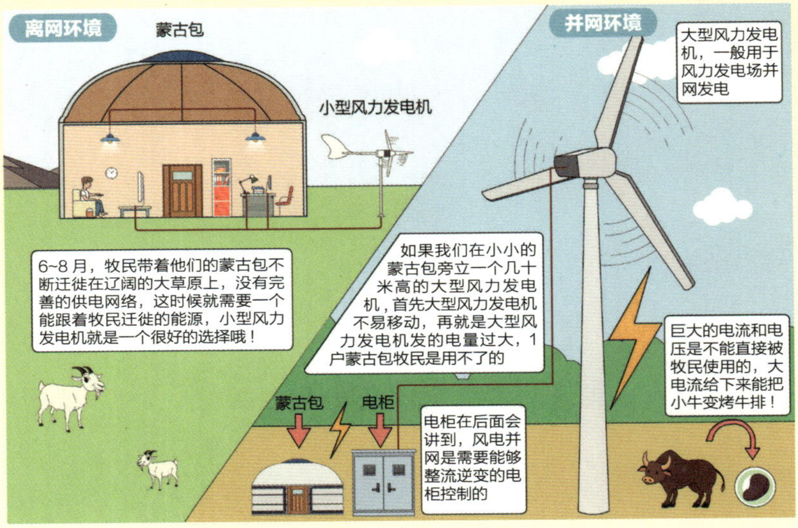

风机离网发电和并网发电

垂直轴和水平轴

风机有“平着脖子”转的，叫水平轴风机；也有“竖着脖子”转的，叫垂直轴风机。所谓水平轴或者垂直轴，指的是叶轮是绕水平方向转还是绕垂直方向转。

垂直轴风机与水平轴风机

9 垂直轴风机

看到小小博的总结，风能小卫士竖起大拇指，给了他一个大大的赞。小小博这下更来劲儿了，继续展示！

垂直轴风机的外形

看看这些千奇百态的风机，他们都是垂直轴风机。

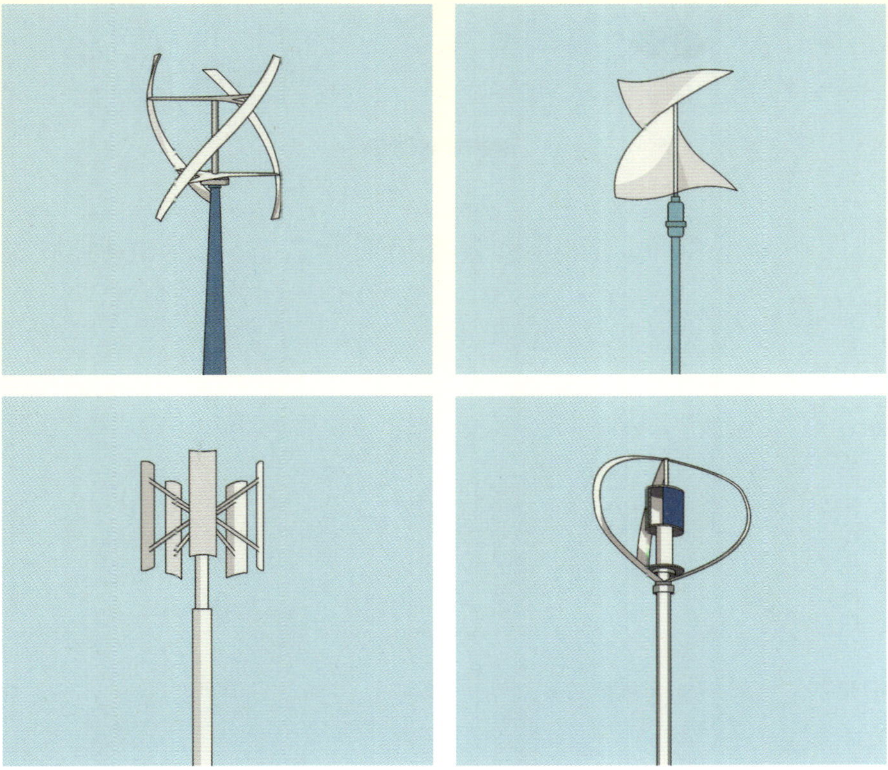

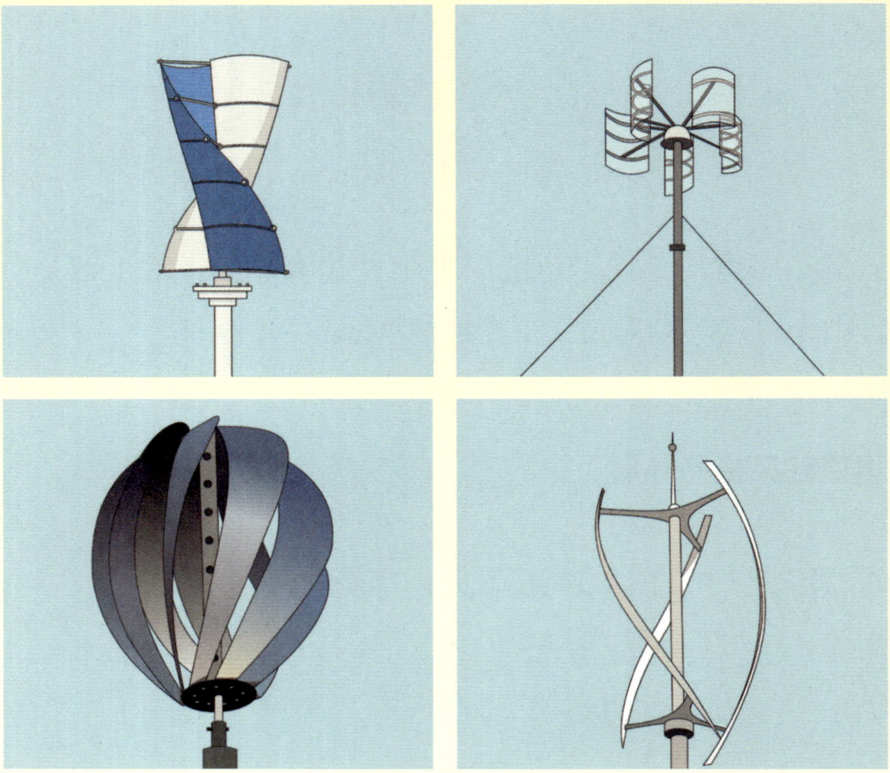

垂直轴风机外观

其实呢，垂直轴风机再怎么看起来形态各异，归根到底就是下面这些形态：

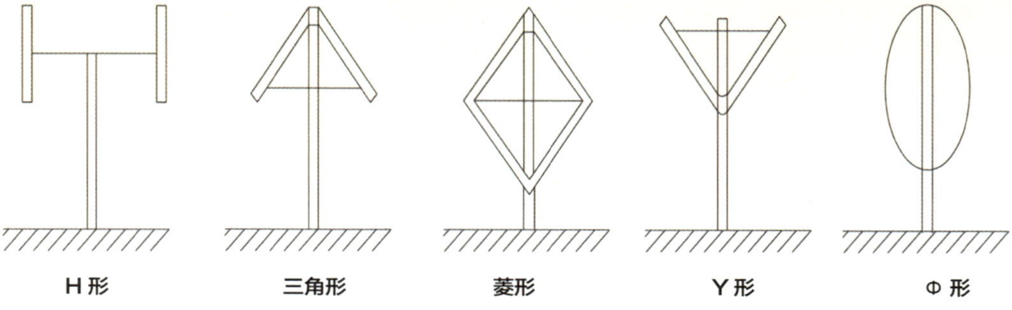

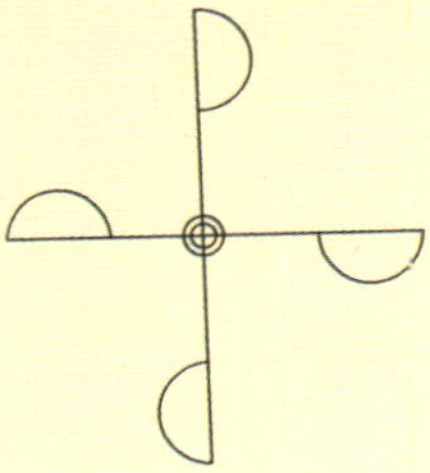

风杯形

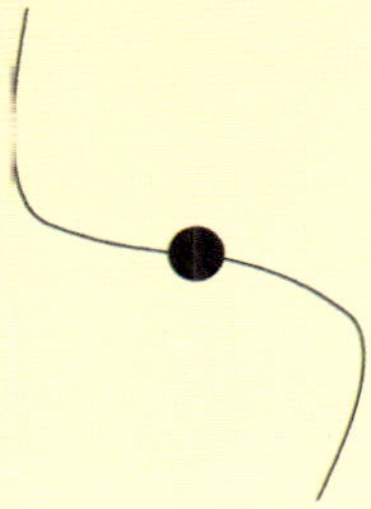

S 形

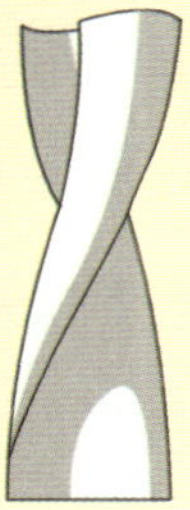

涡流形

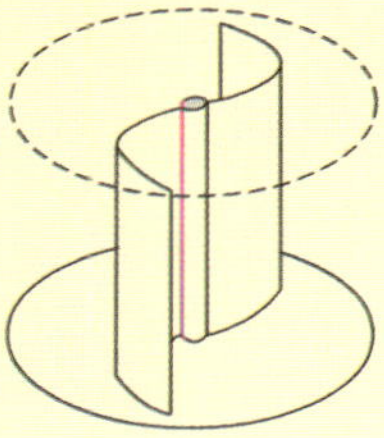

萨沃纽斯（形）型

当然了，最常见的还是 H 形和 Φ 形。

垂直轴风机的优点

比起水平轴风机，垂直轴风机都有些什么优点呢？

①风机不高，维护方便。

②不容易被刮倒。（被刮倒了砸到花花草草不要紧，砸到小朋友可不好，更何况我们建造风机要花好多好多钱呢）

③在风小的地方，也可以发电，积少成多。

④不用像水平轴那样带着一圈大叶片横着转，太占地。

⑤不那么吵人。

⑥结构简单，不容易出故障，基本上只要有风就不罢工。

垂直轴风机的局限

风能小卫士：“垂直轴又好看又有这么多优点，那风机很多都是这种垂直轴的吗？”

小小博使劲摇摇他聪明的脑袋瓜："不不不！垂直轴还是有很多局限性的，这些缺点也很重要，所以限制了垂直轴的应用。"

垂直轴风机都有些什么缺点呢？

①容易抖，用拉索都不能完全拉住。

②不好控制，也不好刹车，容易出事故。

③没有水平轴发电多。

④做不大，不能像水平轴风机那样做成大风机，建风电场。

拓展

现在貌似水平轴风机更厉害一些，但是大家千万不要停止你的想象，未来的一天，说不定你能设计出更厉害的风机哦！很期待！

想象一款自己设计的风机

10 水平轴小、微型风机

夜晚，路灯亮了，各色灯光下的城市更加璀璨迷人。小小博观察了一下，发现不少路灯杆顶有一个小小的风机。它们在有风的时候会欢快地转啊转，不知疲倦，就像在跳舞一样。

风光互补路灯

应用场景

小小博看了看路灯上的风机，它们转动的中心线可不就是跟地面水平的呀！

小小博："这就是水平轴风机吧！"

风能小卫士给了一个肯定的表情："嗯，它们就是水平轴风机，又因为路灯不需要很多电，所以，它们往往都是小、微型的风机。"

这种水平轴的小、微型风机，可不光能给路灯发电哦，它的应用可广了，如农牧民散居的地方、海岛、村庄、居民小区、宾馆、商场、学校、工厂等都有应用。

小风机应用

结构组成

小小博很好奇，这些小风机怎么转着转着就能给路灯、电器供电了呢？他想把这些小风机拆开来看看。

风能小卫士看穿了他的心思，刚好手边有个按比例缩小的风机仿真模型，就打开来，把水平轴小、微型风机的结构组成给小小博解说了一番，就像我们看到的图示一样。

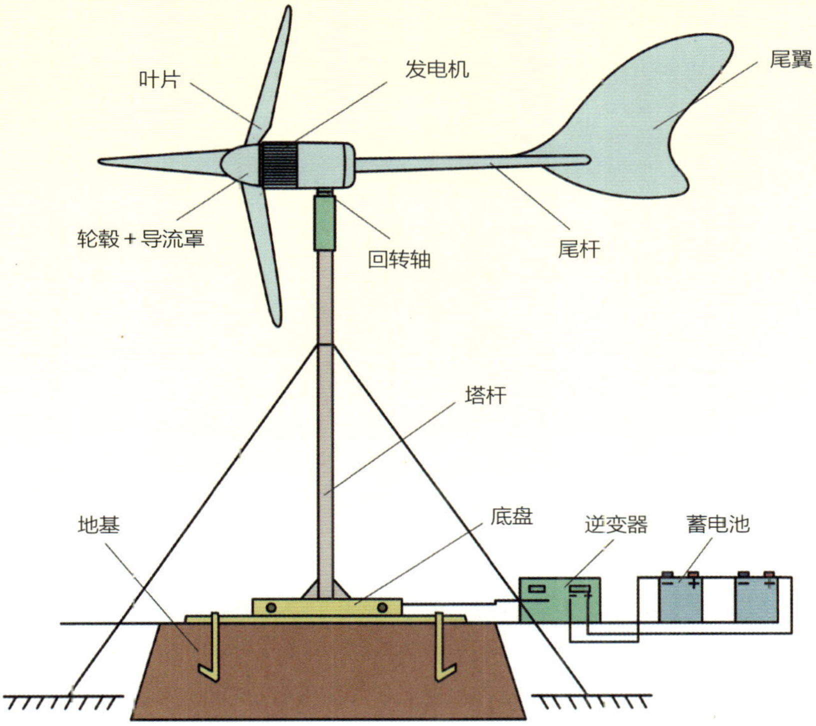

小风机结构

蓄电池和逆变器

好学的小小博又问了："为什么要有蓄电池啊？什么是逆变器呀？"

风能小卫士可耐心了："风是不是有时候大有时候小，有时候还没有呢？风大的时候风机发的电用不完，风小的时候发的电又可能不够用，没有风的时候干脆就发不了电。没有电，那冰箱里的食物可能要坏，晚上也可能要摸黑了！这可麻烦了，是不是？所以，得想办法。于是，工程师们给风机装上了蓄电池，把风大时用不了的电存起来，在没有风或者风小的时候把蓄电池里的电再调出来用，这下问题就解决了！"

蓄电池和存米的米桶、存水的水桶是一样的，它也是一个"桶"，只不过是用来存电而已！蓄电池一般用在没有电网的环境，可以根

家里不能吃每一餐饭都去买米，不能喝每一杯水都去买纯净水。为了方便，我们用米桶存米，用水桶存纯净水

蓄电池存电原理

据需要配一个大一点儿或者小一点儿的“桶”，甚至多配几个“桶”。

蓄电池里出来的电是直流电，而我们的电器大部分用的交流电，没有办法直接用蓄电池中的电。于是，人们就发明了一种叫逆变器的东西，能帮我们把蓄电池里出来的直流电变成我们能用的交流电。

如果想把太阳能及风能发的电用在家里的电冰箱、洗衣机上，就需要逆变器这个“小宝箱”，把直流电变成交流电。

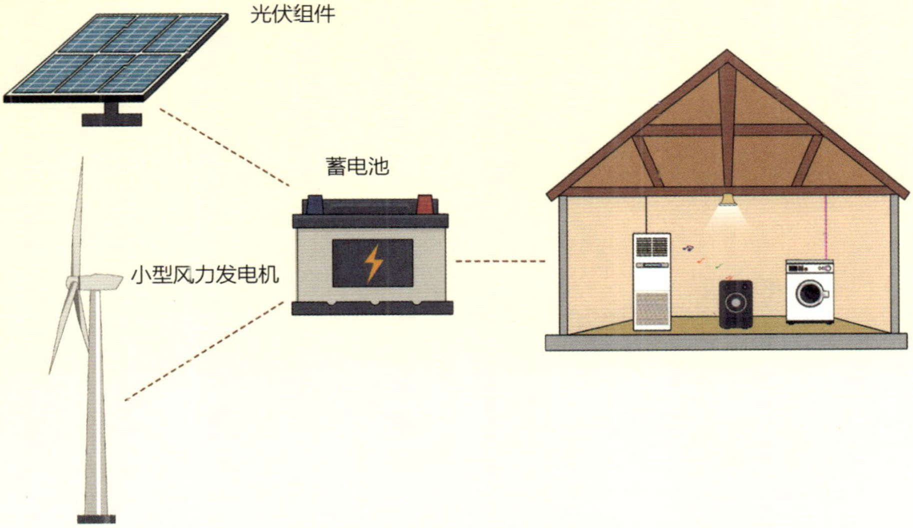

离网环境中光伏组件或风机发的电由蓄电池储存备用

传统煤电厂发出的交流电经升压传输后到用户端再降压

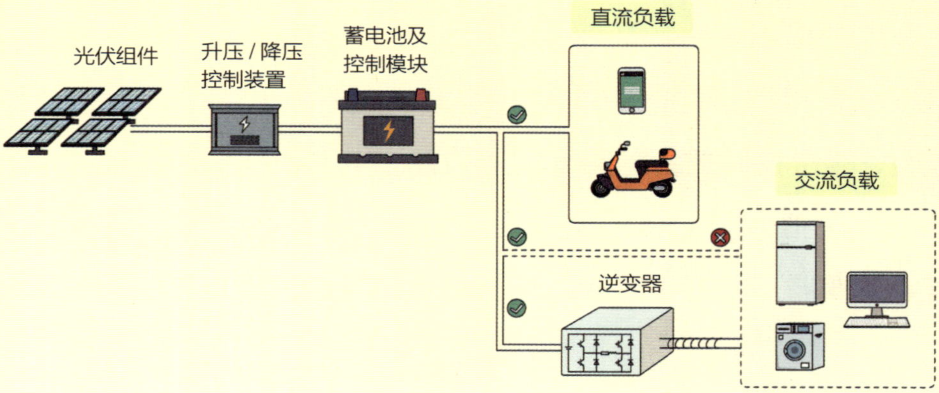

光伏组件发出的电供直流负载或（经逆变后）交流负载使用

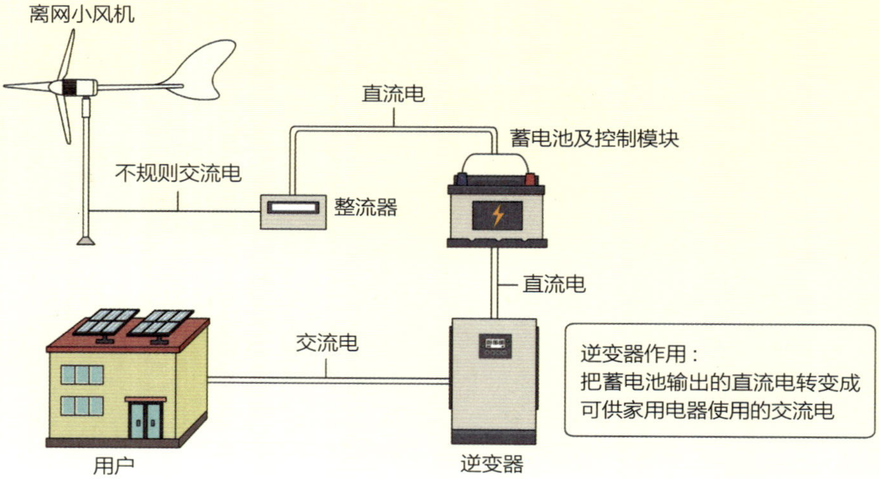

逆变器作用

11 大风机

大家在电视上、网上或者旅游路上见过水电站吧？见多识广的你们，一定也见过小河流上的小水电站，它们一般都发不了多少电，只给局部地区供电，就像小、微型风机那样。你们一定更加知道三峡、葛洲坝、龙羊峡、丹江口的大型水电站吧，它们多宏伟壮观呀！

团队作战的大风机

为满足人们的使用需求，风力发电不能只靠一架小风机，很多时候都是用大型风机，而且团队作战，建成风电场，才有规模、有效率，也才有经济效益。

在小溪上建设小型水电站

在大江大河上建设大型水电站

在灯杆上建设小型风力发电机

在大草原、大戈壁上建设大型风力发电机

大风机有多大

大风机有多大呢?

先不说别的，就说说叶轮和塔筒，就可见一斑。

大风机的叶轮直径基本在 50 米以上，现在主流的大风机直径都在七八十米以上，很多超过了 100 米，海上的大风机叶轮直径甚至超过 150 米。

再说塔筒，塔筒的高度一般跟叶轮的直径大小不相上下。如果站在塔筒下面望顶上的叶轮，脖子都会仰酸了。100 米，那可是 30 多层楼的高度！看看这幅图就知道了。

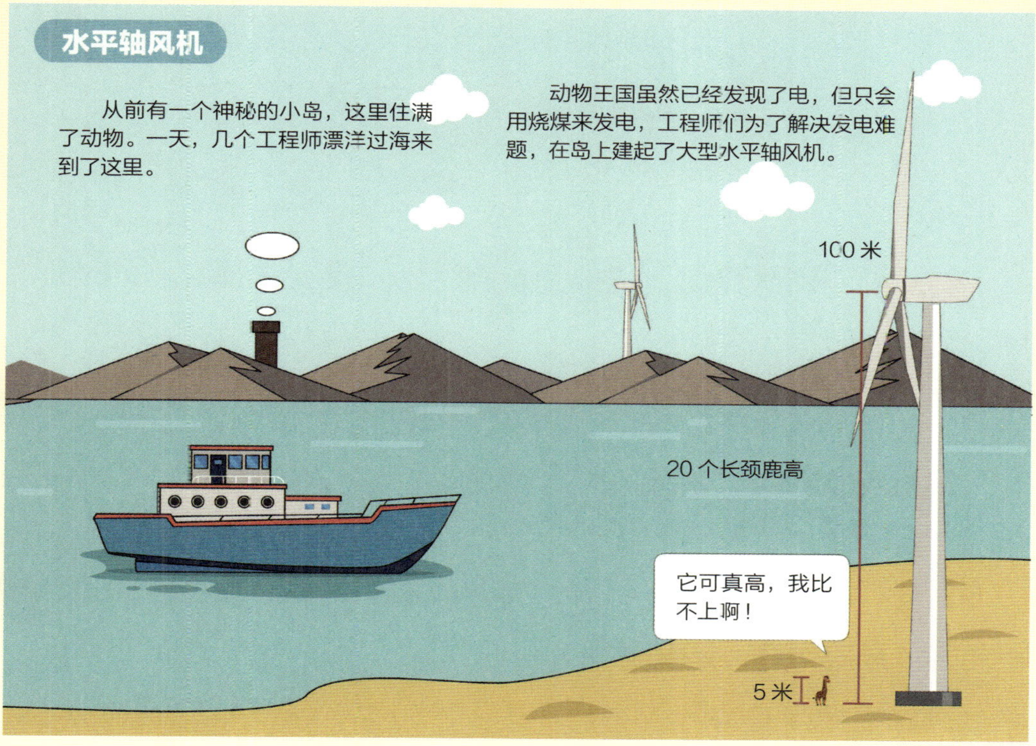

长颈鹿和水平轴风机比高

12 风机在哪里安家

既然要“团队作战”“排兵布阵”，一定要选择有利的地形，可有利的地形怎么选呢？

风机安家地点怎么选

首先，要有宏观的大格局，摊开我们的地图，看看全国范围内哪儿的风又大又好，还又便利又环保。

风好的标准是每年的平均风速要比较高，空气不能太稀薄（如西藏，风虽大却不是很适合建风电场），风向不要变来变去，一年当中风速在可以发电的范围内的时间要比较多。这样的话，风机出力多、发电多。

再就是，地面要相对平坦，土包或者凹陷不能太大也不能太多，附近的建筑物或者植物不能太高，风机要和它们隔开一定距离（风机要比附近障碍物高至少 8 米，距障碍物的距离要是障碍物高度的 5~10 倍）。不然的话，风就被挡住了，或者风吹到其他地方了，风机就吹不到足够的风了。

便利条件

首先，风电场的附近要有足够大容量的电网，不然风机发的电送不出去。

其次，要考察风电场附近的道路交通状况。风机的叶片、塔筒有几十米长、几十吨重、几米高，运风机的大货车在路上走着走着，遇到桥梁不允许过那么重的车，涵洞没有足够高度过不去，或者道路的弯儿太急了拐不过去，那就麻烦了！

最后，建风电场的地方，得能够打地基，不然风机立不住。

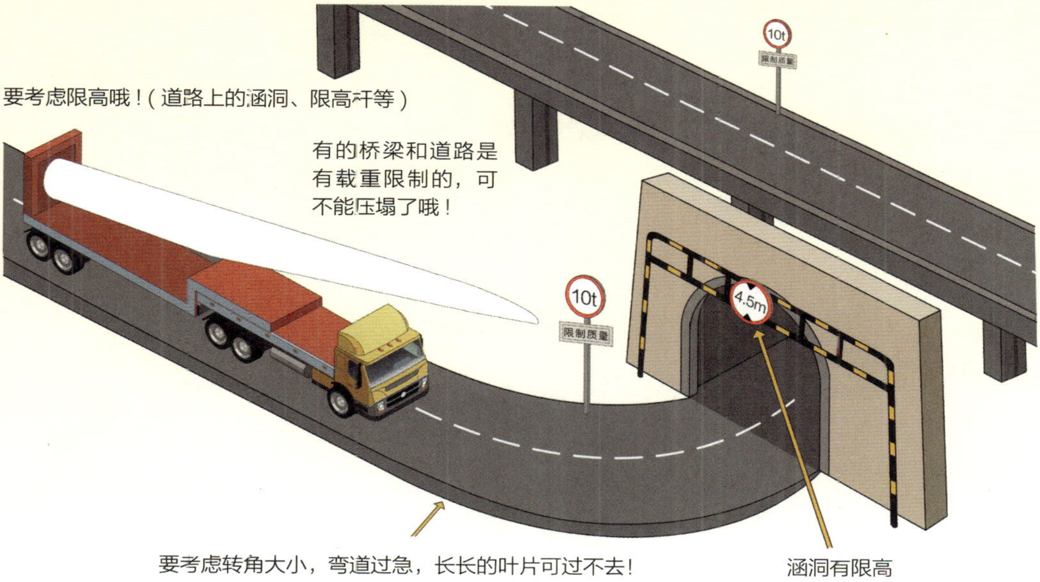

风机运输需注意道路交通限制

生态环保

我们还需要注意生态环保，风电场要是破坏了鸟儿的飞行路线、候鸟和动物的栖息地等，那就不好了。还有，我们国家的耕地资源有限，草原植被比较脆弱，所以要尽量不占用耕地，少占用和破坏植被。另外，风机工作的时候会有一些噪声，风电场选址的时候要注意离居民区远一点儿。

给风机找地方安家的时候，这些要素要考虑周全。

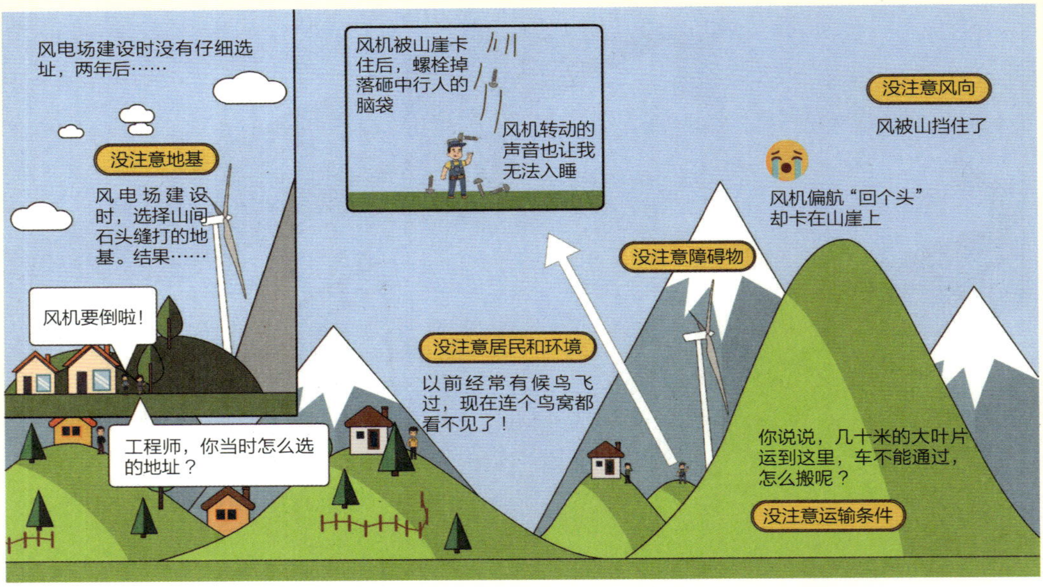

风机选址不当引发的各种状况

13 海上也可以安家

小小博发现一个问题：风能小卫士说了半天怎么为风电场选址，说的都是在陆地上，可是看看我国的风能布局，海上可有不少好地方呢！如果在海上建风电场，又该怎么选址呢？

海上风电场分类

海上风电场按照建的地方不同，分为滩涂风电场、近海风电场和深海风电场。

不过，海上的风电场一般都建在海滨（滩涂）或者近海，主要是因为水太深的话，环境就变得很复杂，风电场建设成本就会增加，这样建设起来既困难又不划算。

选址条件

在海上建风电场的地方，必须满足下面这些条件：

①必须得到许可。

②不能影响飞机和直升机飞行。

③不能影响航道。

④要离现有的海底电缆几百米远，离天然气、石油管道等几百米或几千米远，离天然气和石油平台几十千米远，不然海底可就热闹了，风电场电缆跟它们就无法和平共处了。

⑤要有环境意识，不能建在自然保护区、渔业发展区、军事区、有特殊需要的区域（如挖沙区、采泥土区、海洋倾倒区等）。

⑥要与已经建好的风电场保持一定的距离，避免互相干扰。

⑦考察被许可的地方水下的土壤能不能打地基、立塔筒，风速

海上风电场选址

是否达标，浪头大不大（浪太大了，长年累月风机会受损），会不会对军用或民用雷达产生干扰，附近的电网能不能把发的电全部接收，等等。

拓展

海上空气湿度大、含盐量高、腐蚀性强，因此风机里的设备需要做特殊的防腐处理，以抵御海上空气的腐蚀。

海上风机比陆地风机技术要求更高，成本也更高，这也是海上风机单机容量必须要大的原因。这样可以分摊基础、吊装的费用，使每度电的成本降下来。

14 一个萝卜一个坑

风电场地址选好了，就该把风机一个一个立到风电场上去了。一个萝卜一个坑，我们要怎么给这些大块头分配自己的“坑”呢？

想想看，如果一个人站在你的前面，风吹过来的时候，你是不是就感觉风小了很多呀？风机也是这样的，它们相互之间不能离得太近，前后左右要错开一定距离才行，不然有的风机就吹不到风，有劲儿使不出来。

盛行风向不变的风电场

有的地方，如山口、隘口、河谷，基本上一年下来风不是从这

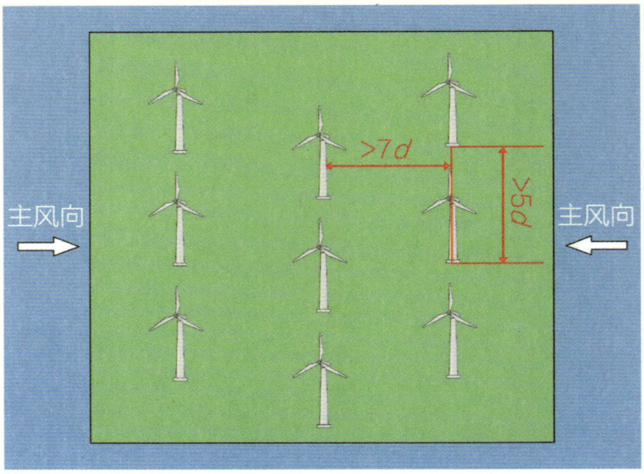

盛行风向不变的风电场风机排布

头刮到那头，就是从那头刮到这头（这叫盛行风向，只一个方向或相反方向），这种地方风电场里的风机前后距离要大于 7 倍的叶轮直径，左右间距要大于 5 倍的叶轮直径，而且风机呈梅花形排列。

盛行风向不是一个方向的风电场

如果盛行风向不是一个方向，那么风机就要呈“田”字形或圆形排列，前后间距 7~10 倍的叶轮直径，左右间距 5~7 倍的叶轮直径。

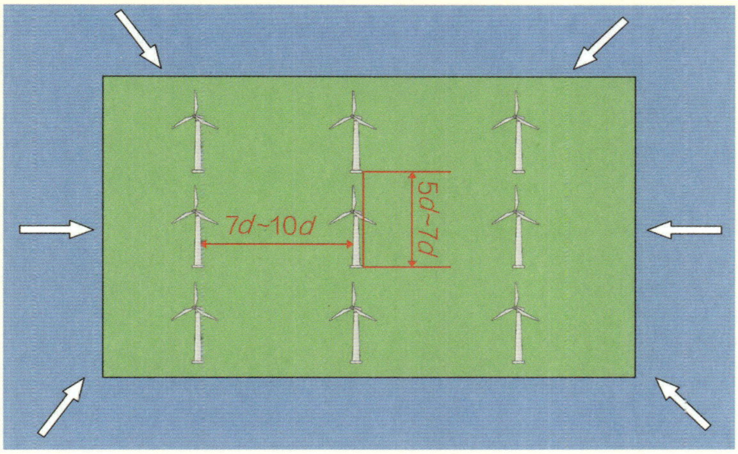

盛行风向不是一个方向的风电场风机排布

迎风山坡的风电场

如果是在山坡上建风电场会怎样呢？山坡上的风机，左右要相距 5~7 倍的叶轮直径，坡上与坡下两个相邻风机高度差要在 0.5~1.5 倍的叶轮直径。

而且风机一定要建在迎风的那面坡上，不然风机永远都要“万事俱备，只欠东风”了。

山坡上风电场风机排布

海上风机排布

风机有矩形和圆形两种不同的排布形式。

矩形布置紧凑，可以少占地，是陆上风机最常用的排布形式，具体的布置原则像前面说的那样。

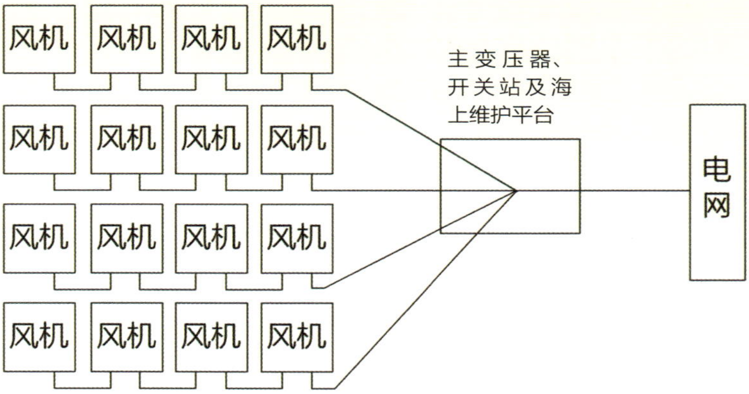

陆上风电场风机矩形排布

但是，在海上，风机则更多地采用圆形排布形式。

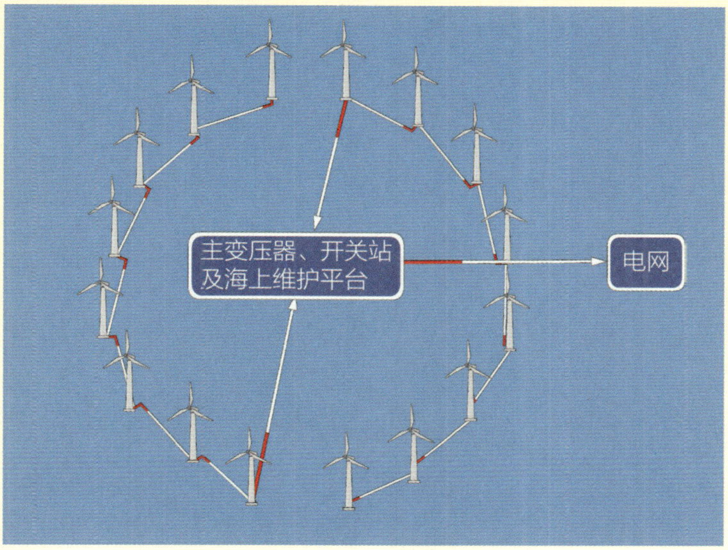

海上风电场风机圆形排布

采用圆形排布形式在海上安装风机的时候，安装船和吊车在风机四周活动，不用跑太远的距离，这样安装方便，并且省时省力还

海上风机安装作业平台

省钱。

其他配套设施的布置，如主变压器和开关站，放在风电场中间，跟各台风机之间用电缆连接，这样连接便利，也节省材料和人工。

风电场建好后，少不了维护、管理工作。圆形风电场的中间建有维护平台，维修保养风机的工程师、管理风电场的人员都能比较方便地在风电场内活动。

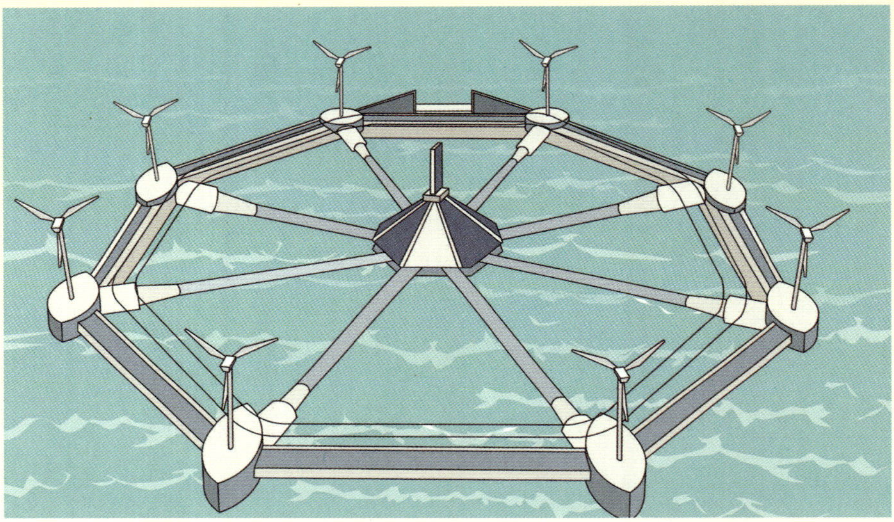

海上风电场维护平台

另外，在海上对风机采用圆形排布形式，风机之间的相互影响也比较小。

拓展1：海上风电场对环境的影响

油液污染：风电场建设施工期间船只碰撞，或者维修时操作不当，维修船与风机塔筒、变电站碰撞，会产生漏油污染；虽然可能性很小，但渔船或其他船只作业时有可能碰到埋在海床内的电缆，抛锚船有可能会切断电缆，都会使其中的油渗漏。

视觉污染：安装风机时，很多船只忙碌作业会使人产生短期视觉混乱；风机运转时，太阳光带来的光影闪烁会使人产生不适感，甚至使人烦躁不安。

噪声和电磁干扰：风机叶片运转产生的噪声在 1 000 米以内都能听到；风机运行还会对附近的通信信号、雷达产生一定的干扰。

对鱼群种类的影响：在海上风电场施工阶段，鱼类会因为噪声、震动而离开栖息地；风电场运行时，风机基础又为鱼群提供了新的栖息地和保护，风机基础周围新增的动植物还为鱼群提供了食物；风电场区域禁止捕鱼也使得鱼类的数量和种类得到提升。

对海底环境的影响：风电场基础施工对海床的形态和水深会产

风机基础附近的微生物

生一定的影响；基础的附近，海流会受到影响，总流速会降低 2% 左右；风电场基础施工时，会直接或间接造成对海底部分生物生活习性的改变，尤其对微生物影响较大；海上风电场周围很适合海洋生物繁衍生息，因为渔船不会在此作业，风机基础形成的人工鱼礁还会增加生物多样性。

对渔业的影响：风电场所在区域和铺设电缆的地方严禁捕鱼，但是对渔业影响较小，因为风电场一般都会建在远离渔业圈的地方。从长远看，风电场的基础设施可以吸引更多鱼类，从而带来新的捕鱼机会。此外，海上风电场建设会给予渔民一定的经济补偿。

对鸟类的影响：鸟类在捕食鱼类或在迁徙过程中，可能与塔筒或运转的叶片发生碰撞，造成伤亡。另外，由于生存环境改变，原居鸟类会迁移到其他地方。

对旅游产业的影响：海上风电场的建设，不仅不会破坏海洋的

夕阳下的海上风电场

自然风景，反而能增加一道亮丽的风景线，随着海上风电场的大规模建设，必将拉动当地旅游产业尤其高空旅游的发展。

拓展 2：尾流效应

风经过风机后，部分风能转化为机械能，机械能再转化为电能，过程中风速降低，对后面位置的风机发电量就会产生影响，这就是尾流效应。

按基本原则布置风机时，风电场因尾流效应影响，发电量较理论值减少 5% 左右。

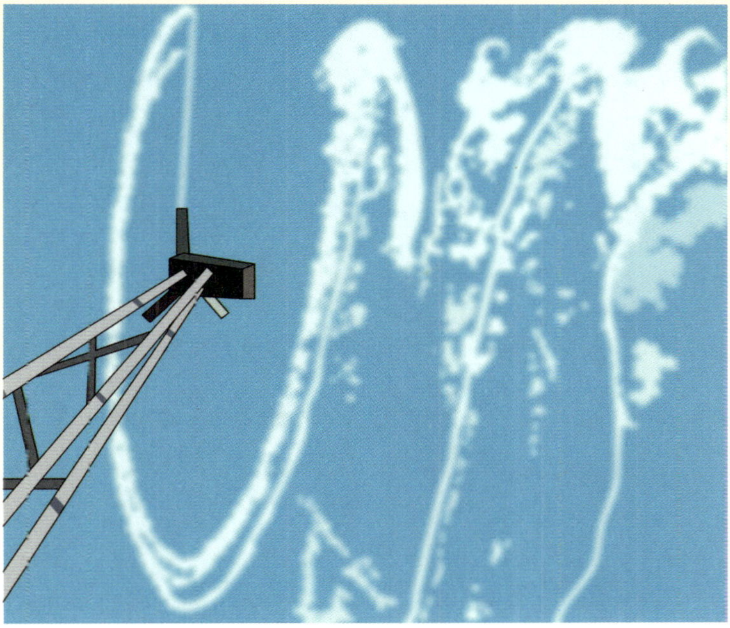

尾流效应

第三章　大型风机

2021 年 3 月召开的中央财经委员会第九次会议强调，我国力争 2030 年前实现碳达峰，2060 年前实现碳中和，构建以新能源为主体的新型电力系统，并强调这是党中央经过深思熟虑做出的重大战略决策，事关中华民族永续发展和构建人类命运共同体。

在这样的大背景下，风力发电作为新能源发电的重要组成形式，其装机容量占整个新能源发电装机总容量的很大部分，因此大型风机的制造、运输、发电、电能传输和转换工作就变得尤为重要。

我们接下来了解一下，大型风机的外观和运行过程，大型风机的基础和高度，风机叶片的制造和运输，大型风机发电能力和电能转换的方法，等等。

15 风机高度

风机为什么那么高

来到大型风机下面，小小博使劲抬头才能看到风机的全貌。

小小博：“风机为什么那么高呢？”

风能小卫士：“那是因为，越高，我的力量越大。同一时间，同一地点，越往高处，风速越大，风的能量就越大。所以风机越高，捕风能力越强，发电能力也越强。”

小小博：“那是不是越高越好？”

风能小卫士：“非也。在空中，叶轮与机舱要靠塔筒来支撑。塔筒越高，制造和安装塔筒的成本也越高。”

风机高度

风机有多高

风机有多高？一只成年长颈鹿有 5 米高，一个 10 兆瓦的风力发电机约有 105 米高，相当于 21 只长颈鹿摞起来那么高。

塔筒的高度一般为叶轮直径的 1 ~ 1.5 倍。如果叶片长 60 米，叶轮直径就大概 130 米，塔筒一般得 130 ~ 200 米高。

小小博："这么高，如果风大，塔筒会不会被风吹倒呀？"

风能小卫士："塔筒是靠风机基础来固定的。"

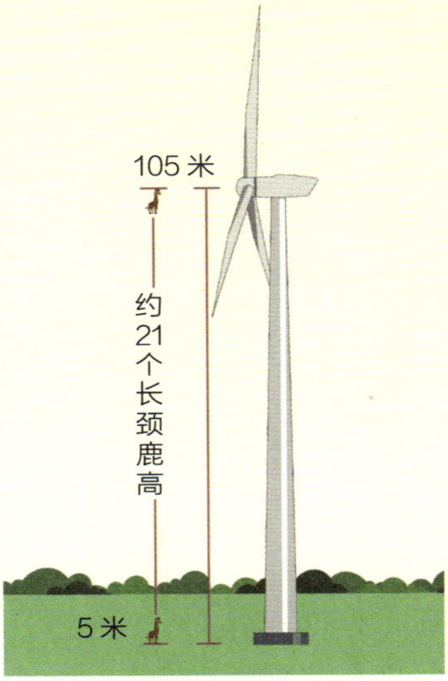

长颈鹿和风机塔筒的高度对比

风机基础

风机基础就像是塔筒的地基一般，它把塔筒稳定地固定在大地上。风机就像一个有着巨大树冠的机械树，要想它在暴风骤雨中屹立不倒，就得给它做一个庞大的、粗壮的"根系"来帮助它稳稳地扎在那里。

树根与风机基础的比较

风机基础施工

基础土方的挖掘工作

安装预埋件

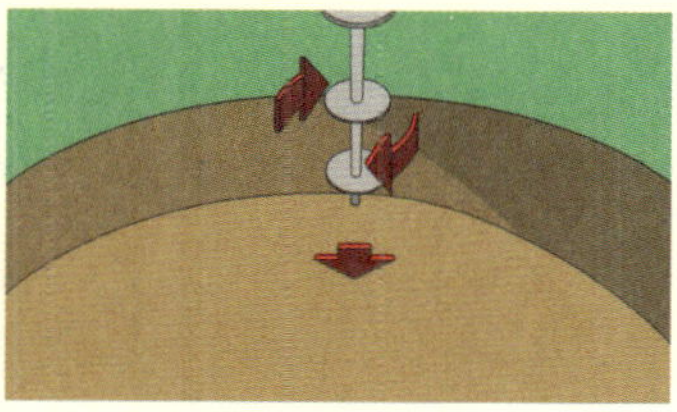

安装预埋件过程

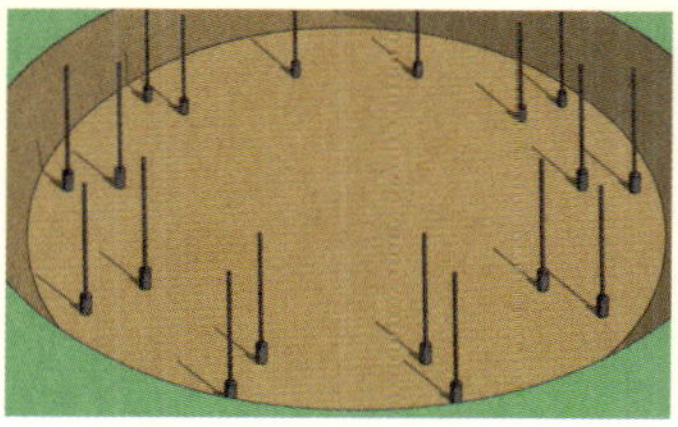

安装完预埋件，浇筑前

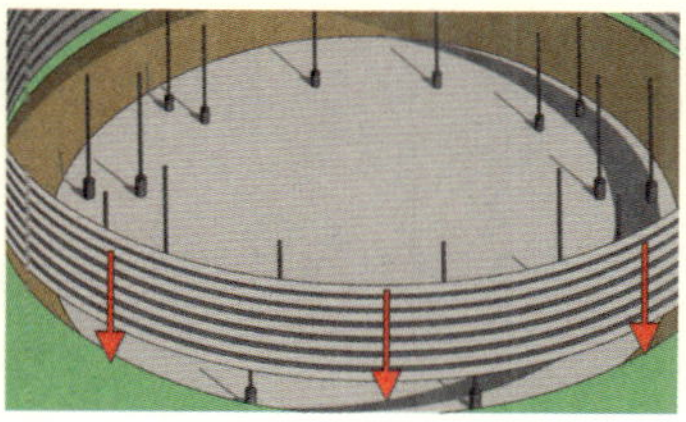

垫层混凝土浇筑

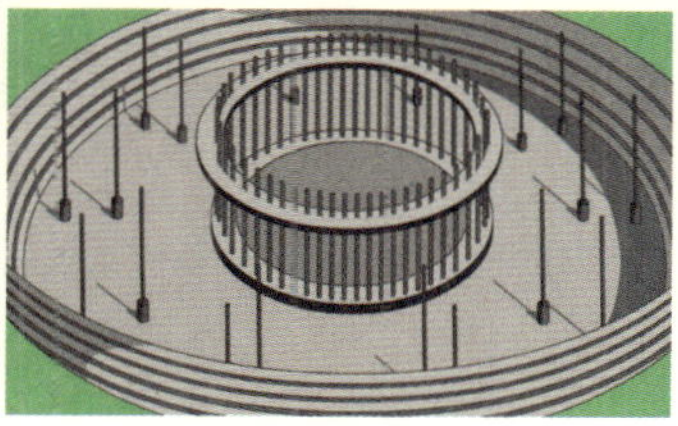

浇筑后的样子

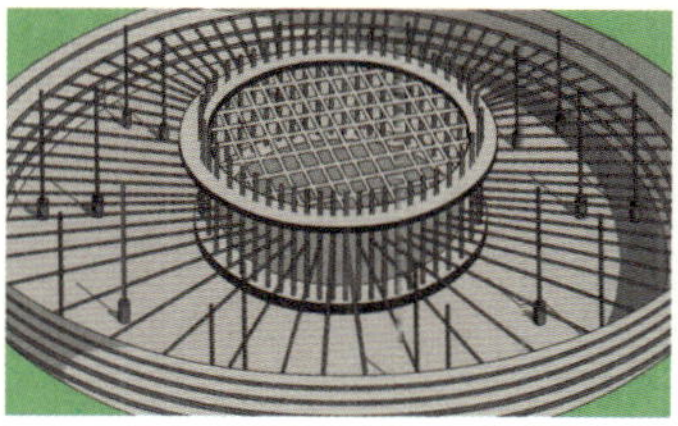

绑扎钢筋、安装模板

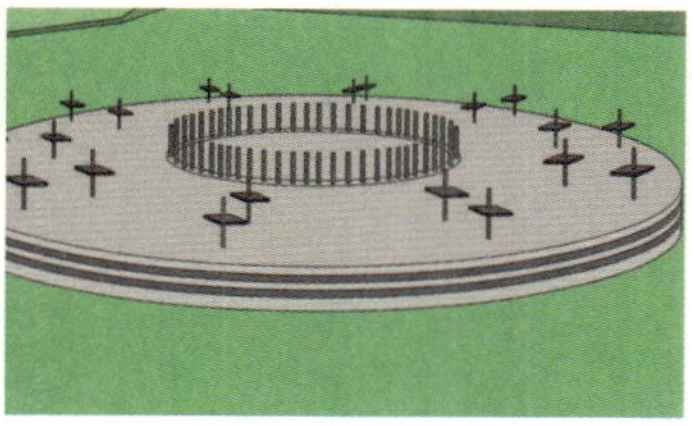

安装预埋件、回填土壤

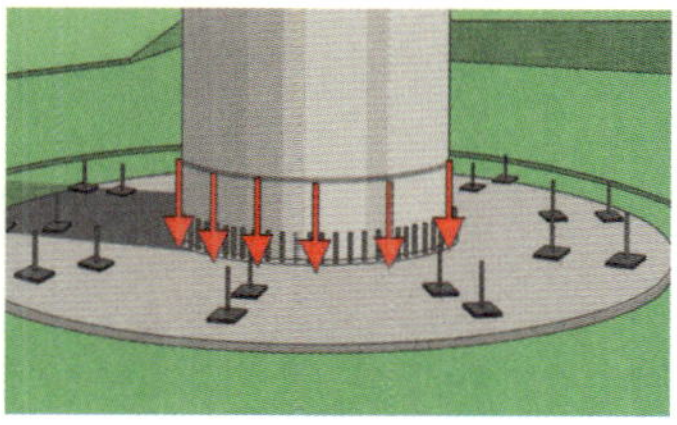

吊装风机

拓展：塔筒内部

塔筒除了要支撑风机外，还有其他作用。塔筒内敷设有电力电缆、控制信号电缆等，塔筒内分若干层，层间有直梯便于人员上下，塔底有塔门方便人员进出。

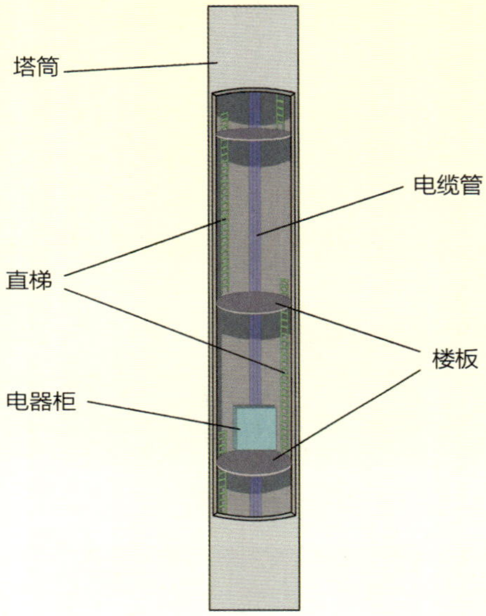

塔筒内部结构示意图

16 海上风电基础

海上风机

来到海上风电场，小小博问：“风机那么重，它是怎样做到稳稳地立在海里的呢？”

风能小卫士：“这确实是个大问题呢！”

海上的环境比较恶劣，风机立在水中，要保障风机的安全，就需要满足多方面的要求。比如，海水的冲刷、腐蚀，海浪、船舶的冲撞，风机运转的载荷及洋流，等等。

目前，海上风机基础一般有桩式（又分为单桩式、多桩式）、重力式、导管式、吸力式、浮力式等形式。

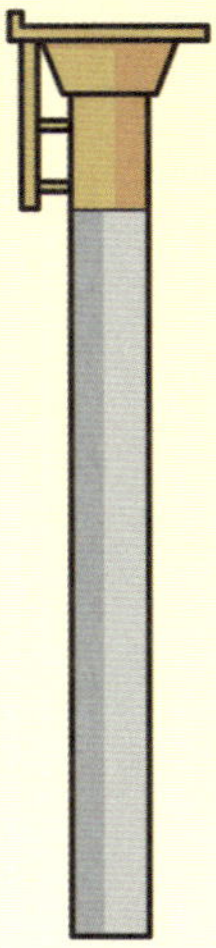

单桩式

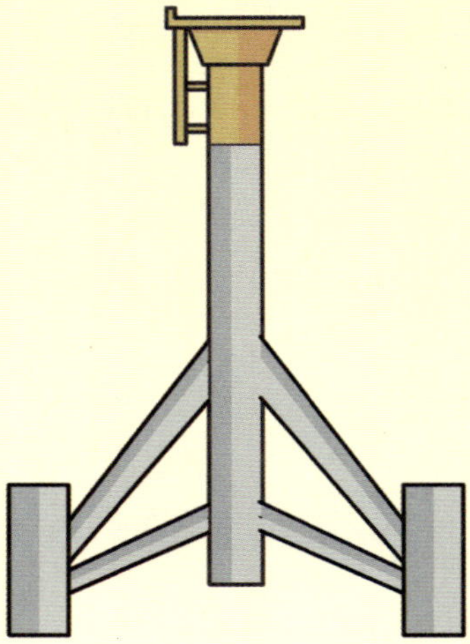

多桩式

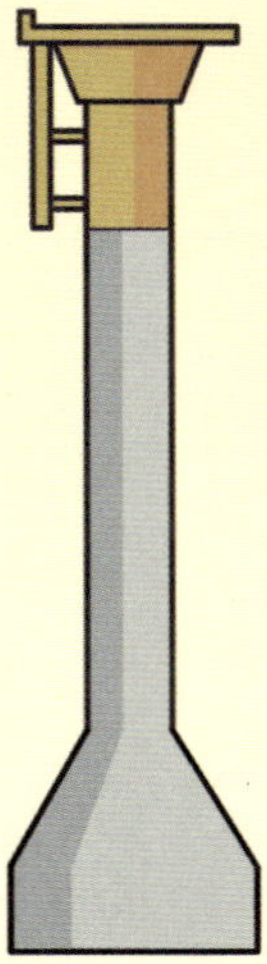

重力式

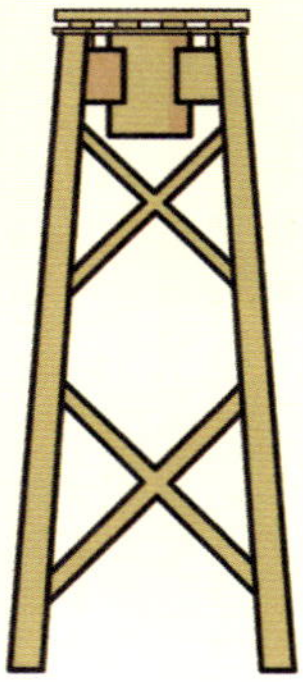

导管式

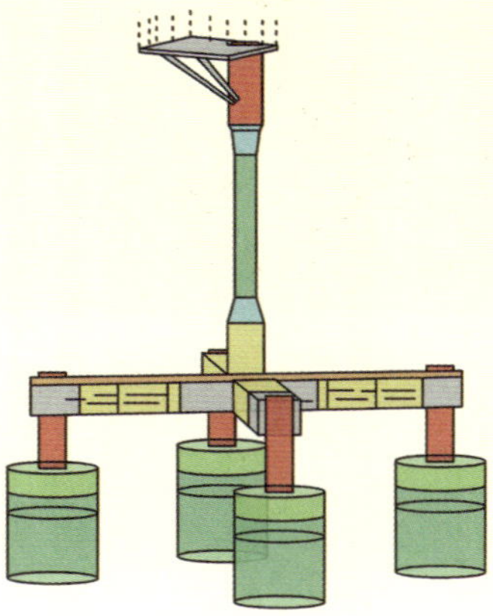

吸力式

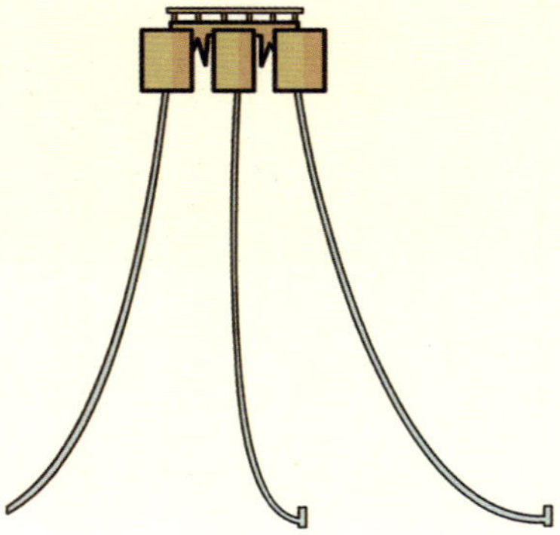

浮力式

单桩式基础

我国应用比较广泛且成熟的海上风机基础是单桩式基础。我国近海多为淤泥质软基海底，所以采用单桩式基础结构比较多。单桩式基础设计简单，成本也较低。

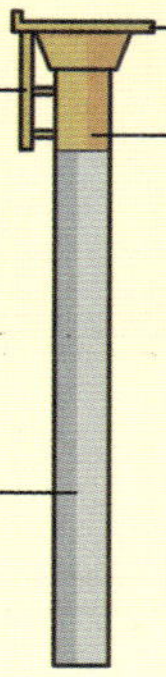

单桩式基础构成

重力式基础

重力式基础也是一种传统的海上风机基础形式，大多是钢筋混凝土结构。这种基础体积最大、重量最大，依靠自身的重力使风机保持垂直。

在制造重力式基础时，一般利用岸边的干船坞进行预制，制造好后，再由专用船舶装运或浮运至海上指定位置安装。

风机建设处的海床需预先处理平整并铺上一层石块，然后将预制好的基础放于石块之上。

重力式基础一般适用于水深低于 10 米的海域。重力式基础结构简单、造价低，抗风暴和风浪袭击性能较好，它的稳定性和可靠性是所有基础中最好的。

下面我们来详细了解一下这种风机基础的制造和安装过程吧。

1. 制作草垛样基础底座。 这个“草垛”中放的可不是稻草，而是钢筋混凝土。“草垛”中央要留个大圆孔，用来放置支撑风机的塔筒。

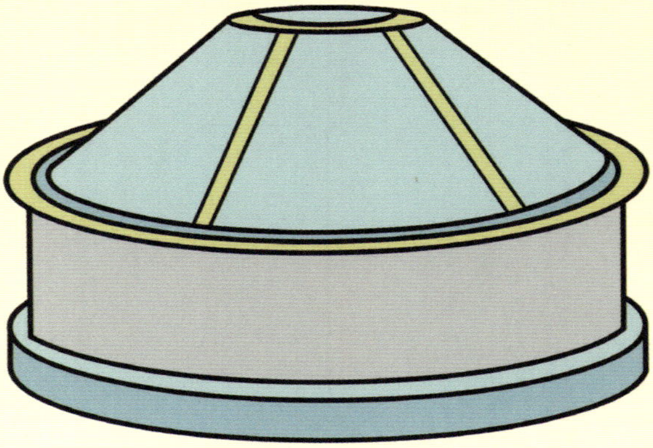

风机基础底座

2. 清理海床。清理 3 ～ 4 个足球场那么大的面积，在清理好的海床上撒上石块，这就是未来放置风机基础的地方。

清理海床

清理 3 ～ 4 个足球场大的面积

撒上石块

在清理好的区域铺满石块

3. 放置基础到海底。组合基础与塔筒，使用船只将它们放入水中。此时的基础和塔筒比较轻，可以漂浮在水面上，用 4 艘船将它们平稳地牵引到安装位置。用吊车将基础和塔筒放置在海床的填充石上，然后对底座和塔筒进行混凝土浇筑稳固。

运输基础和塔筒

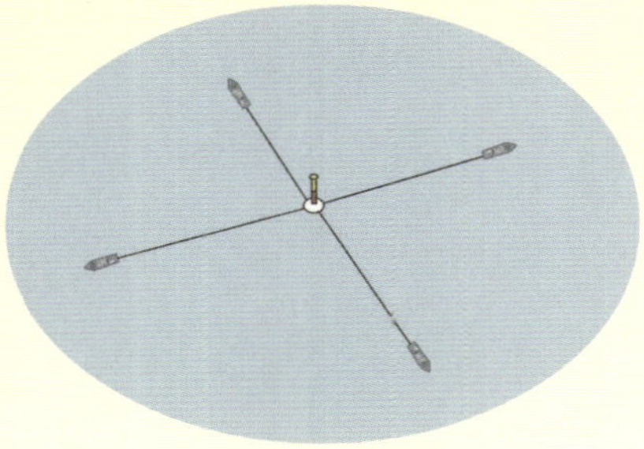

牵引至放置位置

放置基础和塔筒

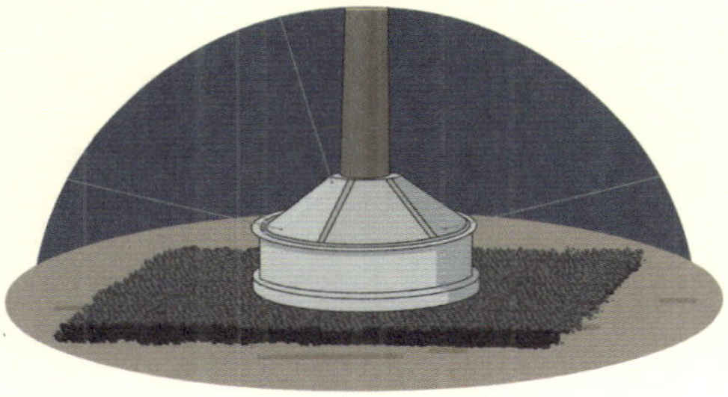

放置在填充石上

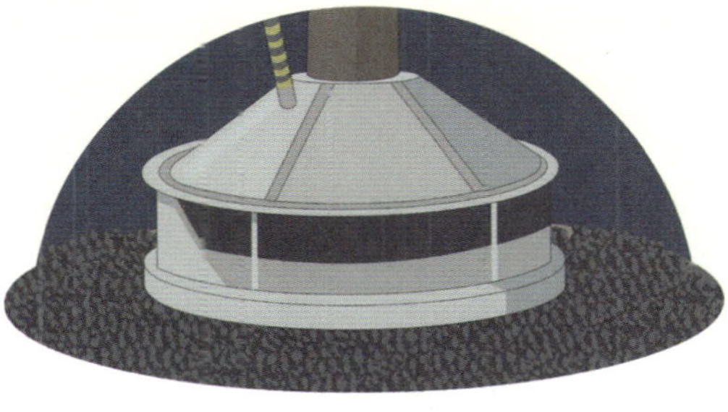

混凝土浇筑底座

混凝土浇筑塔筒

浮力式基础

对于较深的海域，可以采用浮力式基础。在深海、远海部署风机，在获取深远海域稳定优质风电资源的同时，不影响近岸渔业、养殖业、通航及其他相关产业活动。浮力式基础的特征在于：每个塔筒的根部均通过连接段与浮箱平台连接，浮箱平台通过钢缆与锚泊系统连接固定。不过，这种基础结构的稳定性还需要改善。

考考你

图中这两台海上风机是采用的哪两种基础呢？

两种不同风机基础

17 叶片制造

风能小卫士和小小博来到一个正在建设的风电场，看到叶片和机舱部件都放在地上。叶片最前端有一个大孔，用一个盖子封着，小小博打开盖子，向叶片里面望了望，里面黑洞洞的，只能看到一些支撑的架子。

小小博："工程师们是怎么把叶片制造出来的呢？"

风能小卫士嘿嘿一笑："现在看到的叶片是一个整体，但其实叶片是由两片儿拼成的。叶片中心是空心的，这样会比较轻，旋转起来才能轻松些。"

我们一起来了解叶片制造的步骤吧。

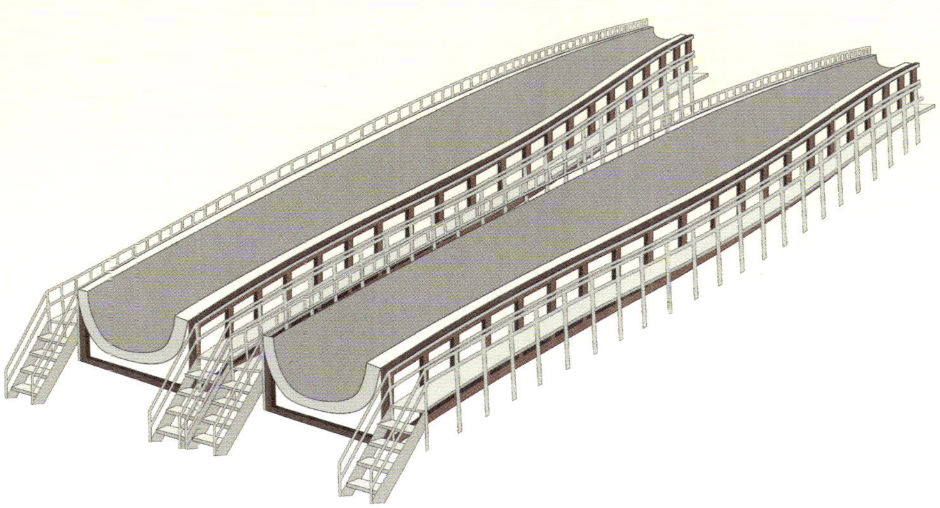

风机叶片制造

选材料

叶片的使用寿命通常可达 20 年，叶片要不知疲倦地旋转，需要满足强度、韧度、轻度的要求。要满足这三点，选择材料尤为重要。

现在的叶片多采用复合材料制造而成，所谓复合材料就是 2 种或 2 种以上的材料混合在一起，这样比单一材料更结实耐用。

举个例子：以前的土炕是用土坯垒成的。土坯是将黏土和柴草混合后，经脱坯、晾干制作出来的。黏土的黏性、柴草的种类、混合比例会直接影响到土坯的结实程度。

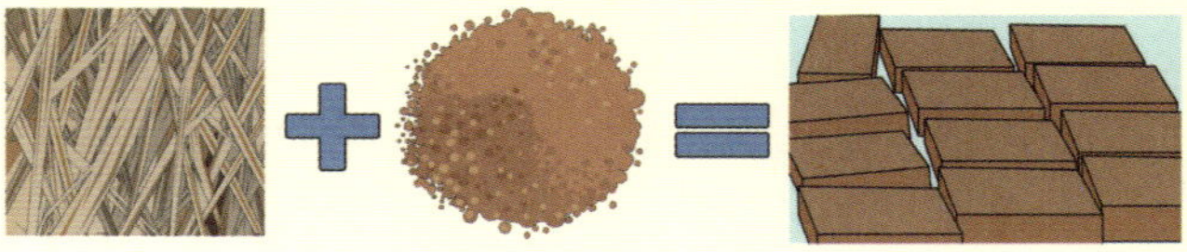

柴草 + 黏土 = 土坯

风机叶片较多采用玻璃纤维和树脂的复合材料制成。材料中的玻璃纤维相当于柴草，树脂相当于黏土。

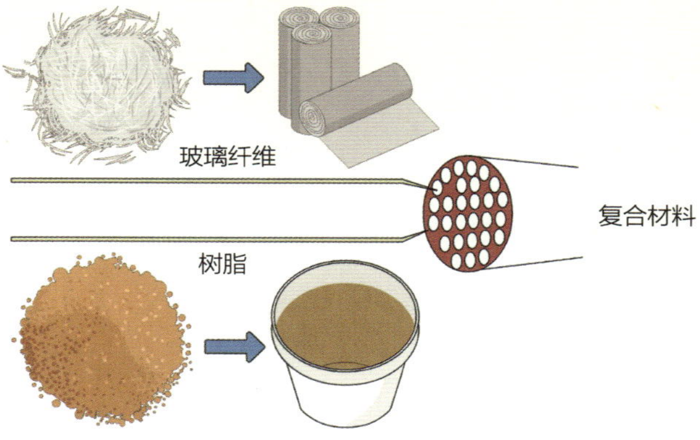

复合材料的构成

制造叶片

外壳

先制作一半外壳。在叶片模具上铺设玻璃纤维布，导入树脂浸透玻璃纤维布及填充材料（通常是巴萨木，一种很轻的木头），使所有材料融为一体。然后以同样的方法再制作另一半的外壳。接着，将两半叶片合在一起，黏结牢固，像捏饺子皮一样捏紧并加固。为了使叶片更加稳定结实，两半叶片之间要用大梁稳固。为了防止叶片遭受雷击，叶片内部还有将雷电引入地下的引线。

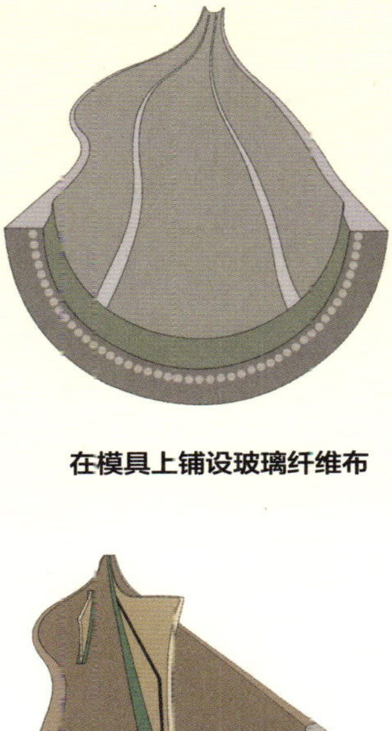

在模具上铺设玻璃纤维布

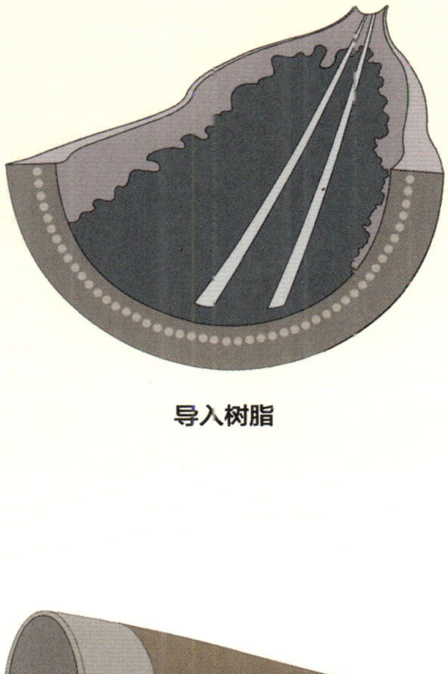

导入树脂

铺设大梁和引线

合二为一

叶片精修

叶片精修是对叶片进行打磨、喷漆、配重等，让同一台风机上的 3 个叶片重量接近。

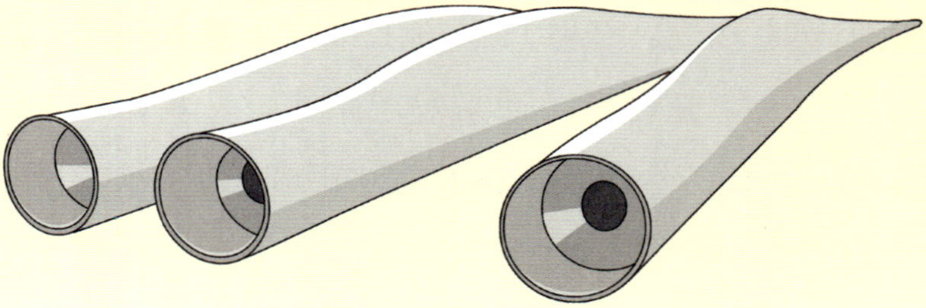

精修后的叶片

拓展 1：防雷

风机叶片要经受 20 年的风吹雨打，在有雷电的时候，在空旷的田野上，叶尖是非常容易被雷击中的，为此工程师就给叶片设计了一个保护自己的法宝——叶尖接闪器。被动遭雷击，不如主动接闪电。在叶尖处增加一个金属的叶尖接闪器装置，这样就能将闪电引到叶尖处，大大降低风机其他部位遭雷击的风险。然后，再通过引线将闪电巨大的能量引入大地，从而将雷击风险化于无形。

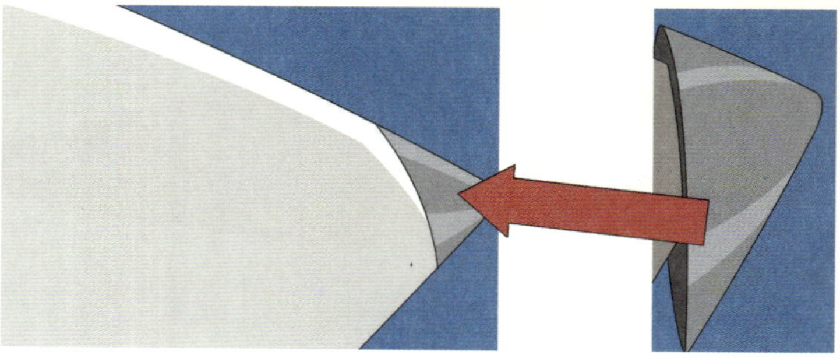

叶尖接闪器

拓展 2：3 叶片的好处

参观完陆上风电场和海上风电场，小小博发现这些风机都有 3 个叶片，这是为什么呢？

风能小卫士告诉他："一般来说，3 片叶有较好的动平衡性，不易产生振荡，能够减少轴承的磨损；对于风机来说，还可以降低维修成本。"

2 叶片和 4 叶片风扇

小小博："2 叶片和 4 叶片不好吗？"

风能小卫士："风扇的叶片数一般为奇数个，因为奇数叶片更容易达到动平衡，也就是旋转起来不容易晃动。螺旋桨也大多是奇数个叶片。"

小小博："那为什么不是 5 叶片呢？"

风能小卫士："其实 5 叶片能够获取更多叶片的能量，但增加叶片，风机成本太高。目前最大的风力发电机，叶片长度 164 米左右，每一个叶片重达 32 吨，价值近百万元，多两个叶片成本太过于巨大。

相比增加的成本来说，其实电力并没有增加太多，这样不划算。

“所以综合考虑之下，目前90%以上的风力发电机都是3个叶片，可以说这是一个很棒的设计了。”

3叶片和5叶片风扇

3叶片设计

想一想

大家想一想：日常生活中还有哪些数量为3的设计呢？

18 叶片运输

随着风电的发展，风机叶片越来越长，现在的叶片有 40 米、70 米甚至 100 多米长。我们来感受一下叶片有多长多大吧！

一个叶片 83.6 米，一架空客 A380 翼展 79 米，一个叶片比一架飞机翼展还长。

风机叶片长 83.6 米

空客 A380 翼展 79 米

这么长的叶片制造好之后，怎样才能运到安装风机的山上或海上呢？

运输叶片的过程就像蚂蚁搬运昆虫翅膀一样，蚂蚁要小心翼翼，不能“翻车”，也不能让翅膀碰撞到别的东西上。

叶片运输工具

可以用哪些交通工具来运输风机叶片呢？

我国的高速公路四通八达，可以用专用的叶片运输车辆将风机叶片运输到偏僻的风电场。不过，用专用的车辆来运输的话，一辆汽车一次只能运送 1~2 个叶片。

汽车运输风机叶片

在一些平原地区会使用火车来运输叶片，用火车一次性运输几十个叶片的场面非常壮观。

火车运输风机叶片

随着海上风电的发展，海上运输叶片成为更安全、更便捷的方案。一些大的海上安装船一次可运输几十个叶片，这样可以大大降低海上风电场的安装成本。

轮船运输风机叶片

叶片运输难点

很多陆地上的风电场都建在很偏僻的地方，在叶片运输的过程中，可能要通过复杂的路段，有大拐弯、小拐弯，要路过小镇、城市、

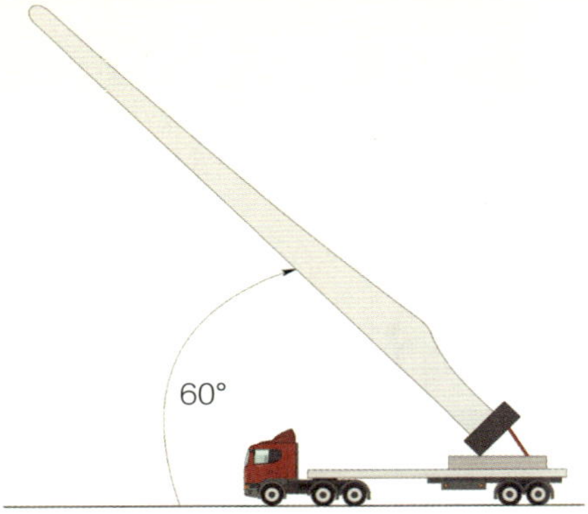

风机叶片的运输车

山区等。叶片的运输要用到叶片运输特制牵引车，通常车的长度是可以调节的，或者是由几段连接而成。车上会有专用的液压托举装置，这个装置可以将叶片抬升、下降、旋转，使得叶片能够通过狭窄的市区街道、林区和山区。有时候为了运输叶片会不得不拆除一些障碍物。

运输风机叶片过弯道

叶片运输过程中，前后都要有安全车指引，以防意外。同时会有多人协调负责：司机负责开车；车斗侧面有工作人员负责调整叶片姿态，遇到电线、树木、急弯之类，可以灵活避障；车尾有人负责照看，以免发生擦碰。这是一项需要多人协作的大工程。

多人协作运输风机叶片

19 一台风机能发多少电

小小博跟着风能小卫士到风电场参观。

小小博问风能小卫士："这一台风机能发多少电啊？"

风能小卫士："得看这台风机的发电能力了。有个参数叫作风机功率，就是用来描述风机发电能力的。风机功率大，发电能力就强；风机功率小，发电能力就弱。我们以这台风机为例，来看看它的主要参数吧。"

风机铭牌

先以下面的风机为例：

GW140-3.0MW 型号风机

每一台风机都有自己的铭牌，就像每个人都有自己的名字一样。以这台风机的铭牌为例，我们先来破解铭牌密码吧。

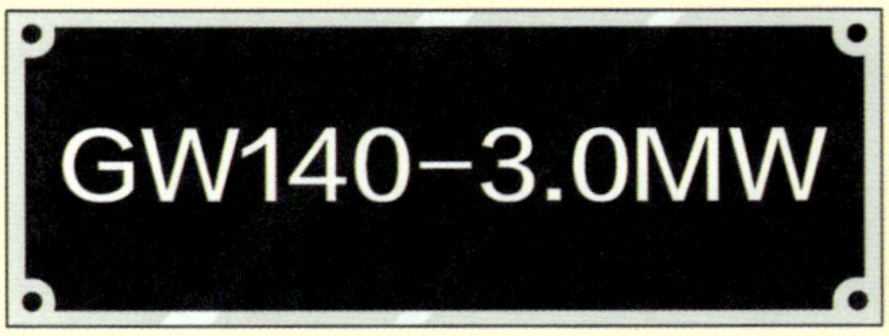

其中，GW 是风机的品牌，是 GOLDWIND（金风）品牌的缩写；140 是指这款风机的叶轮直径是 140 米，半径就是 70 米，也就是它的每个叶片都有 60 多米长。

大家想象一下：当叶轮旋转起来，它的扫风面积有多大呢？

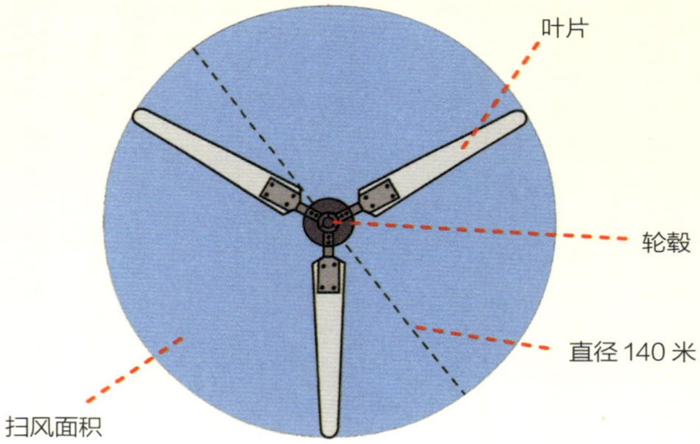

扫风面积

叶轮直径越大，扫风面积就越大，能够捕捉到的风能就越多。这台风机的扫风面积相当于 2 个足球场。

3.0 MW 是指风机的额定功率，就是指风机单位时间做功的能力，或者说发电的能力。功率越大，发电的能力越强。我们通常用“度”（千瓦 · 时）这个单位来描述发电设备的发电量。

以 3 MW 风机为例，它 1 小时的发电量是 3 兆瓦 ×1 小时 =3 000 千瓦·时，即 3 000 度电。

小小博伸出手指头掰着算账，一年有 8 760 小时，那 3 兆瓦风机一年的发电量就是 3 000 千瓦 ×8 760 小时 =2 628 万度。如果 1 度电能卖 5 毛钱，那就能赚到 1 314 万元？

风能小卫士："理论上是这样，但是实际上风机不可能一年运行 8 760 个小时。"

小小博："为什么？"

风能小卫士："风机发电对风速是有要求的。风速过低，如低于 2 米 / 秒，这台风机就不能发电；风速过高，如暴风，风速超过 20 米 / 秒，风机就必须停止运行，否则就会发生危险，这时候也不能发电了。

"另外，每年还要对风机进行维护、检修，维护检修时风机也是不工作的。这样算下来，我们这个风电场每台风机每年只有 2 000 个小时左右的工作时间。

"这样的话，这台风机每年的发电量约为 3 000 千瓦 ×2 000 小时，也就是 600 万度，如果 1 度电能卖 5 毛钱，就能收益 300 万元。当然，这个数字还没有减去设备成本和维护成本呢。"

拓展：大型风机的其他常用参数

切入风速

使风机受风力驱动可以并网发电的风速称为切入风速。如果一台风机的切入风速是 2.5 米 / 秒，当风速低于 2.5 米 / 秒，这台风机就不能并网发电。

切出风速

大风时，使风力发电机自动停止运行的风速称为切出风速。风速过高时，风机继续运行会有危险，所以一旦超过切出风速，风机会停止运行。假如一台风机的切出风速是 20 米 / 秒，当风速超过 20 米 / 秒，这台风机就会停机，这时候也就不能发电了。

额定风速

风机额定出力时对应的风速称为额定风速，在这个风速下，风机发电最容易达到额定功率。如果一台风机的额定风速是 9.5 米 / 秒，当风速为 9.5 米 / 秒时，风机最开心。

考考你

你能根据 MySE2.5–135 风机的铭牌，算一算这台风机每年能发多少电吗？（假设每年工作 2 000 小时）

我们破解一下这台风机的铭牌密码：

MySE：指风机品牌，这里是明阳牌。

2.5：指风机的额定功率是 2.5 兆瓦。

135：指风机的叶轮直径是 135 米。

通过铭牌我们知道，这台风机的额定功率是 2.5 兆瓦，也就是 1 小时发电 2 500 度，如果每年工作 2 000 小时，就能发电 500 万度。

大家算对了吗？

20 风机运行

小小博站在高高的山顶，任风从他的身边吹过，耳边是风机运行时发出的嗡嗡声，他不禁诗兴大发，吟诵了一首《竹石》。

咬定青山不放松，
立根原在破岩中。
千磨万击还坚劲，
任尔东西南北风。

小小博：“这首诗用来形容风机是不是很合适呀？”

风能小卫士：“太对了，小诗人。风机不仅坚韧，而且聪明灵活，无论是东西南北风，还是暴风、微风、大风、小风，它都能应对自如，还能保护自己的安全。”

迎风起舞的风机

风机是聪明又灵活的巨人呢！大家想象一下，风机这个300吨重的巨人在寒风中摇曳漫舞，这是怎样的情景。

风很调皮，风向、风速在不停变化。风机主要靠它的“脖子”和“翅膀”的变化去灵活应对多变的风，这样风机就能以最好的姿态去迎接每一股气流。

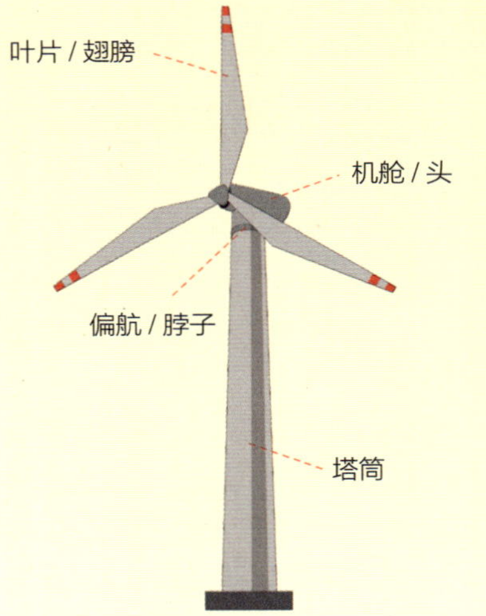

风机的主要构成

风机的扭头功

为了更好地利用风能，风力发电机具有一个“扭头”功能，专业的术语叫作偏航。

每当风向变化的时候，风向标都会顺势捕捉到这个数据，然后发给风机。风机就会根据风向的变化扭动自己的“脖子”，使得机舱（也就是风机的“头”）去正对风。

对风前机舱方向

对风后机舱方向

风机能调整的“翅膀”

风机有3个“翅膀”，也就是它的3个叶片。这3个叶片，虽然叫作叶片，但都不是平整的一片，都是有一定翼型的。叶片从底部到尖端由许多不同尺寸和形状的翼型界面组成，这种翼型设计使得叶片能够获得升力，也就是使叶轮旋转起来的力量。

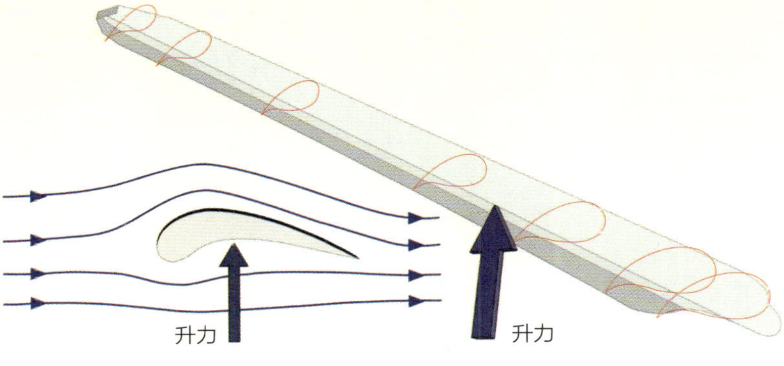

风机叶片的翼型设计

通过转变叶片角度，可以调整叶片迎风的面积。风速比较小的时候，风机会调整叶片角度，增大迎风面积，从而更好地捕捉风能，更多地去发电。风速太大的时候，风机也会调整叶片角度，减小迎风面积，减少捕捉风能，进而保证风机的安全运行。控制叶片旋转的装置叫作变桨装置。

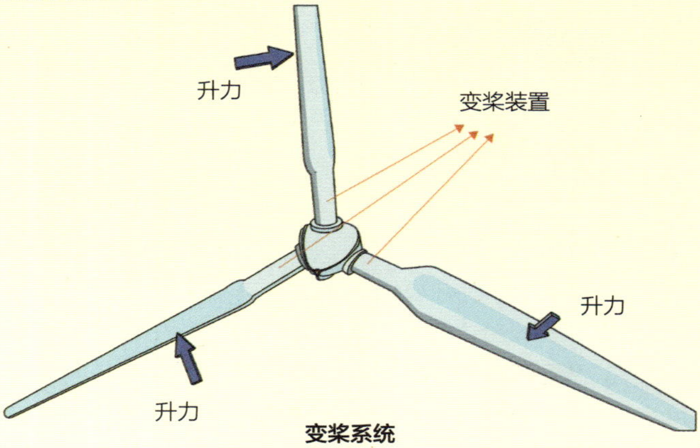

变桨系统

如果风速超过了安全风速范围，那么就要进一步地调整叶片角度，使得叶片的迎风面积减到最小。专业术语上，我们把这个过程叫作顺桨，也叫作气动刹车。大家可以想象一下小鸟将它的翅膀收了起来的样子。

风机还有一个机械刹车装置，其作用是强迫发电机逐渐停止转动。一般在风机气动刹车之后，风机的叶轮转速逐渐降低，发电机转速也逐渐降低，这时才启动机械刹车装置使得风机停止运行。

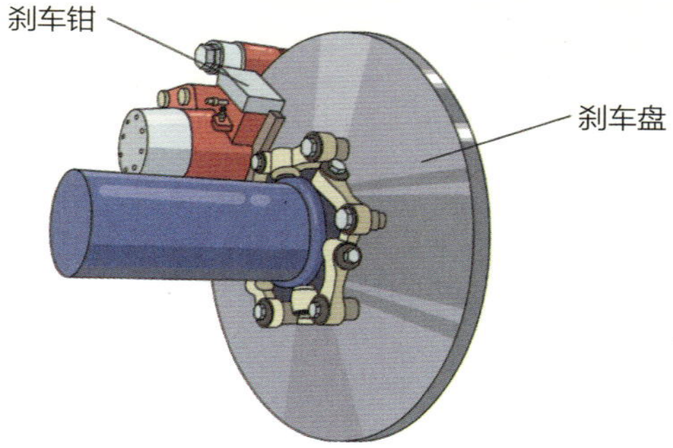

高速轴刹车

21 风机为什么长得不一样呢

小小博又发现了一个问题：风机怎么长得不太一样呢？

在风机的“大长腿”（塔筒）上，一种顶着类似长方体的机舱，另一种则是更加圆润的机舱。

我们稍微注意观察一下就会发现：风机长得确实不太一样。

外观差异

从外观来说，风机大体上有两种样子，一种机舱类似长方体，另一种机舱则像椭球体 / 正方体。前一种叫作双馈式风机，后一种叫作直驱式风机。

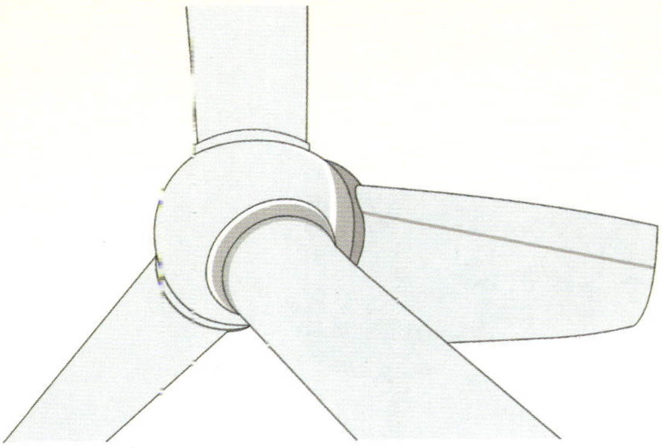

双馈式风机

直驱式风机

这两种风机不仅外观不同，内部结构差异更大，主要区别在机舱的布局、是否有齿轮箱、发电机的类别。

机舱布局差异

双馈式风机机舱的布局大致是这样的：

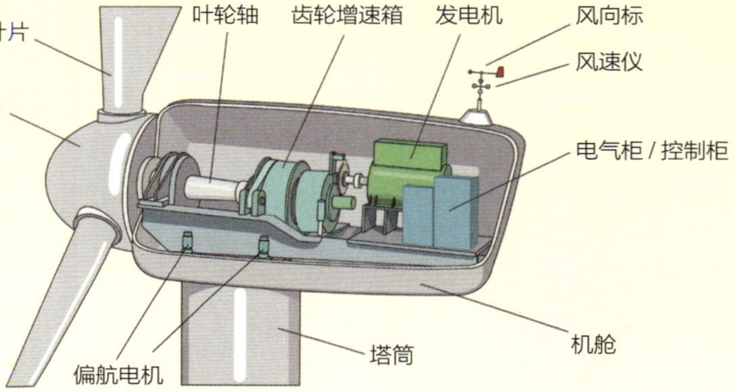

双馈式风机机舱布局

而直驱式风机机舱的布局大致是这样的：

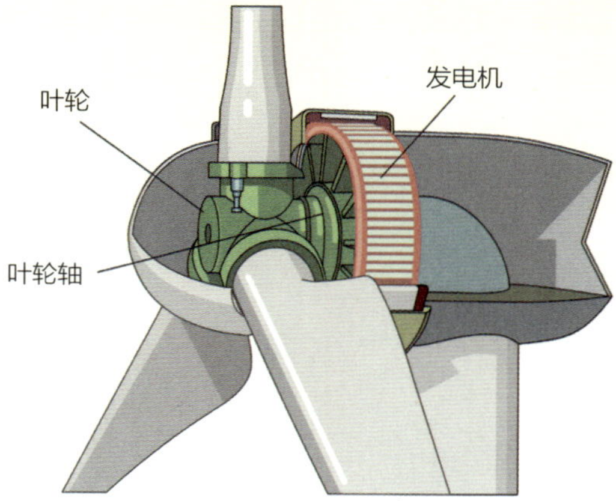

直驱式风机机舱布局

有无齿轮箱差异

大家可以对比一下，双馈式风机的机舱里有齿轮箱，发电机放置在机舱后面位置；而直驱式风机的机舱里没有齿轮箱，发电机放置在机舱的前面位置。

双馈式风机的齿轮箱起增速作用，负责把叶轮从每分钟几转到十几转的速度提高到每分钟 1 000 ～ 2 000 转。因为有这个增速齿轮箱，所以双馈式风机机舱里有低速轴（叶轮轴，又叫主轴）和高速轴。低速轴一头连接叶轮，一头连接齿轮箱的输入轴，而齿轮箱的输出轴就是高速轴，高速轴连接到发电机转子，带动发电机发电。

直驱式风机的叶轮轴则是跟发电机直接相连的，它没有低速轴和高速轴的分别。

发电机差异

双馈式风机和直驱式风机使用的发电机是不一样的。双馈式风机使用的是高速异步发电机，它的转子速度要求达到每分钟七八百转以上才能发电。而直驱式风机使用的是永磁直驱多极同步发电机，叶轮轴直接与发电机转子连接，发电机低速旋转就可以发电。

拓展1：半直驱式风机

随着研制和生产的风机越来越大，双馈式风机的机舱体积和布置问题及直驱型风机的发电机体积问题越来越突出，各自的劣势越来越难以克服。现在，已经有厂家研制并投产半直驱式风机，它结合了双馈式风机和直驱式风机的优点，采用单级增速齿轮箱、中速多极发电机，其机舱体积反而比额定功率小的机组还要小。

半直驱式风机的机舱

拓展2：直驱永磁式风机

传统风机是将风力传递给叶轮，然后通过各个环节将风力传递给发电机，最终将风能转化为电能。这样的风机，能量传递链条比较长，能量会在传递过程中不断损失。

采用直驱技术的风机，既能保证最佳能效，又能将叶轮与发电机之间的传递环节减至最少，极大地提高了低风速时段的发电效率，能最大限度地将风能转化为电能。相对于传统风力发电方式，直驱方式在保证高风速发电效率的同时，省去了齿轮箱及其附件，简化了传动结构，大大减小了风机的构造复杂度，从而使风机的故障率大大下降，提高了风机整体运行的可靠性。

永磁发电机转子由 1 300 余块磁钢组成，这些磁钢可以在不需要任何励磁电能的情况下产生高达 9 000 高斯的磁场，让机组拥有强大的发电能力。同时，永磁发电机对电网的友好性更高。

你知道吗？金风科技是我国乃至世界上应用直驱技术比较成熟的风机制造厂商，截至 2021 年 6 月底，已经在全球安装了超过 41 000 台直驱永磁式风机，为全球 6 大洲 32 个国家源源不断地生产绿色电力。

金风风机

22　风机发的电去哪里了

小小博望着风机，忽然问道："风机怎么从头到脚没有电线呢？它发出的电去哪里了？怎么传输出去的？"

风能小卫士笑着说："观察能力不错嘛，听我慢慢讲。"

风机升压变电站

风吹动叶轮带动发电机发电，发电机发出的电通过塔筒中的电缆传输到地面。风机输出的电压通常是690伏，传输到风机的升压变电站进行升压。

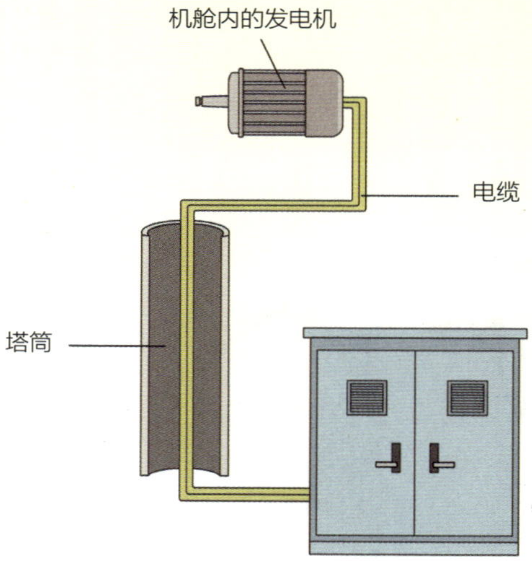

风机升压变电站

小小博看到风机的旁边有一个小房子，又像个大箱子，好奇地问：“这是什么？”

风能小卫士：“这就是风机的升压变电站。一般每台风机都会配备一台升压变电站，升压变电站将风机输出的 690 伏电压升压到 10 千伏或者 35 千伏。”

风机升压变电站

小小博：“我知道，之后就可以通过高压输电线路将风机发的电送到需要用电的地方啦。”

风能小卫士：“不，还差一步，还得通过风电场升压站才行。”

风电场升压站

通常，每个风电场有一座风电场升压站。因为风机布置得较分散，距离风电场升压站较远，所以每一台风机升压变电站输出的电都要通过架空线路或地下电缆传输到风电场升压站。风电场升压站再将

10 千伏或者 35 千伏的电压升压到 110 千伏或 220 千伏，然后通过同电压等级输电线路将风电送到国家电网，这时候就算把风电场的电卖给国家电网了。

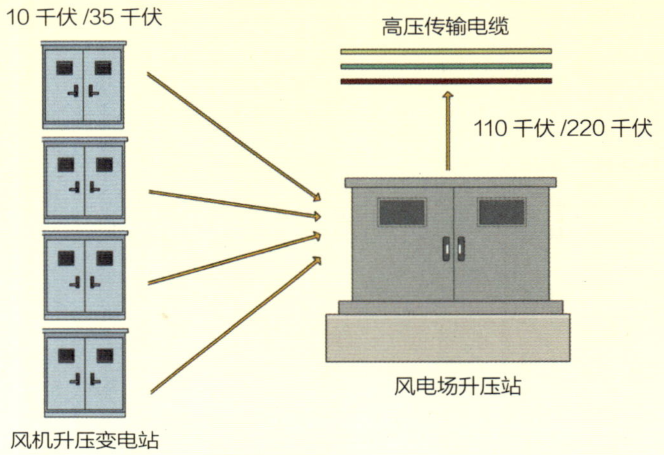

风电场升压站

此时，风电就和火电、水电等一起接受电网的统一调配，送到需要用电的地方去。在用电的地方，先将高压电降为低压电，再将电送到用电设备或用户。

拓展：高压输电

为什么要升压后再传输电能呢？

因为，电能通过输电线路进行长时间的运输会产生耗损。电缆粗，耗损小；电缆细，耗损大。同样的电缆，电流越大，耗损越大。要减少耗损，就要减小电流。功率一定的情况下，传输电能时，电压越高，电流越小。所以，电力传输线路多采用高压传输。